# 좋아하는 곳에
# 살고 있나요?

**2nd Edition**

# myPlace, myFavorite.

## 좋아하는 곳에 살고 있나요?

**2nd Edition**

최고요 지음

## 5년 만의 고백

사실 책이 출간되고 나서 제대로 읽어본 적이 없었습니다. 20대 후반부터 30대 초반까지의 개인적인 생활과 생각이 고스란히 담긴 이 책은, 저에게는 오래된 일기장처럼 느껴집니다. 책이라는 형태로 다른 사람들에게 간직되고 있다는 생각을 하면 부끄러워 어쩔 줄을 모르겠더군요.

다시 읽을 자신이 없어서 개정판 작업도 미룰 수 있는 만큼 미루었습니다. 그러다가 도저히 더 이상은 안 되겠다 싶던 어느 날, 책을 펼쳐 들고 조금씩 손볼 부분을 찾기 시작했습니다. 다 읽고 나니 부끄러움은 절반 정도로 줄었고, 뻔뻔하게도 꽤 좋은 책이라는 생각도 들었습니다. 아마도 편집을 거쳐 전체적으로 편안하고 접근하기 쉬운 책으로 거듭났기 때문일 겁니다. 용기를 내어 예전에 썼던 이야기들을 다시 읽으며 덜어내고 덧붙이며 이렇게 개정판을 냅니다.

이 책은 (아직까지는) 저의 유일한 단독 저서입니다. 아무도 묻지 않은 고백을 하나 더 하자면, 이 책을 낸 이후에는 글을 쓰는 일이 어렵게 느껴지기 시작했습니다. 어쩌면 제가 하고 싶었던 이야기가 이 책 한 권에 모두 담겨 있기 때문일지도 모르겠습니다.

처음 이 책을 쓸 때는 단 몇 년간이라도 꾸준히 팔리기만 하면 좋겠다고 생각했어요. 그런데 감사하게도 5년 만에 개정판이 나오게 되었습니다. 여기까지 오고 보니, 이렇게 몇 년에 한 번씩 개정판 작업을 하면서 저도 이 책과 함께 조금씩 더 나은 '개정판 인간'으로 거듭나며 살아가고 싶다는 바람이 생기네요. 너무 큰 욕심이려나요. 그러기 위해 오늘도 머무는 장소를 정돈하고 사랑하는 연습을 합니다. 좋은 집, 좋은 장소, 좋은 공간에 대해 매일같이 고민합니다. 그것이 제가 아는 가장 확실한, 앞으로 나아가는 방법이니까요.

개정판을 내며
최고요 드림

오래되어 낡은 집에 살고 있다.

조금씩 손보고 돌보아주니
세상에서 내가 가장 있고 싶은 공간이 되었다.

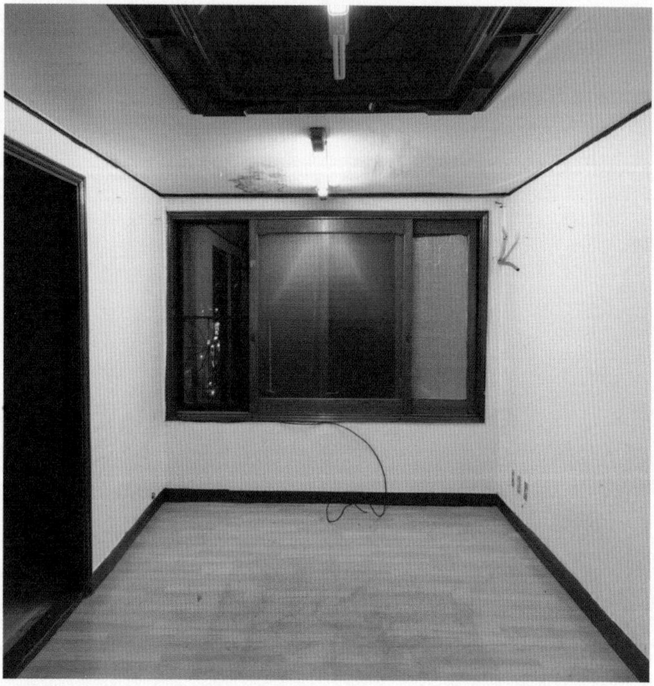

단 한 번도 수리한 적이 없다는 낡은 집.

이런 관심과 변화를 겪어본 적 없는 이 집은 지금 아마도 어리둥절하겠지.

문과 창틀, 몰딩과 신발장은 그대로 두고 바닥과 벽을 손봤다.

집의 예쁨은 최대한 살리고 내 취향을 담아 가꾼 집.

내 삶의 방식을 담은 집.

나를 닮은 집.

고요의 집에 오신 것을 환영합니다.

# Prologue

인테리어는 단순히 '예쁜 집'에 살기 위한 것이 아닙니다.
내가, 가족이 살고 있는 공간에 대한 관심과 사랑입니다.
그 집에 사는 구성원이 행복해지기 위한 가장 쉽고 빠른 방법입니다.

누구나 예쁜 집, 멋진 집에 살기를 원하지만 그 방법을 모른다고 말합니다.
무엇부터 시작해야 할지 모르겠다고 합니다.
혹은 멋지고 좋은 집에 살고 싶은 내 마음이 사치는 아닐까 고민합니다.
내 집도 아닌데 뭘 꾸미냐고 말하기도 합니다.

그렇지만 우리 마음속 어딘가에는 푹 안기어 쉬고 싶은 우리를
행복하게 해주고 보듬어주는 우리들만의 집에 대한 이상향이 있습니다.

큰돈을 들여야만, 엄청난 노동력을 들여야만
내 집이 가치 있어지는 것은 아닙니다.
스스로 집을 가꾸는 것은 스스로 행복해지는 법을 찾는 일입니다.

## Part 2.
## 고요의 집으로 초대합니다

### #4 인테리어 계획하기



### #5 상상을 현실로



### #6 우리가 바꿀 수 있는 것들

#7 좋아하는 것들과 살아가기



Epilogue. 가꾸며 산다

Contents

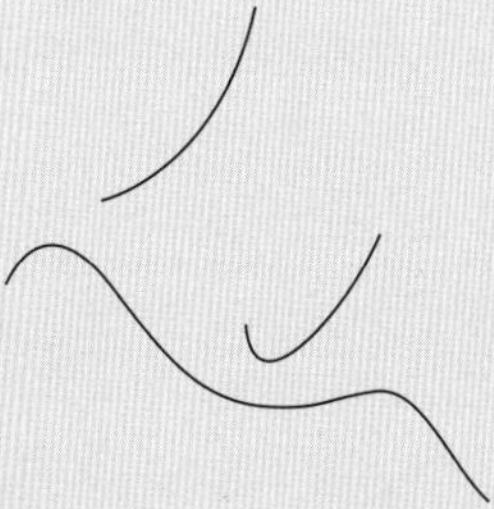

고요의 집 시즌1 이태원

my *Place*, my *Favorite*.

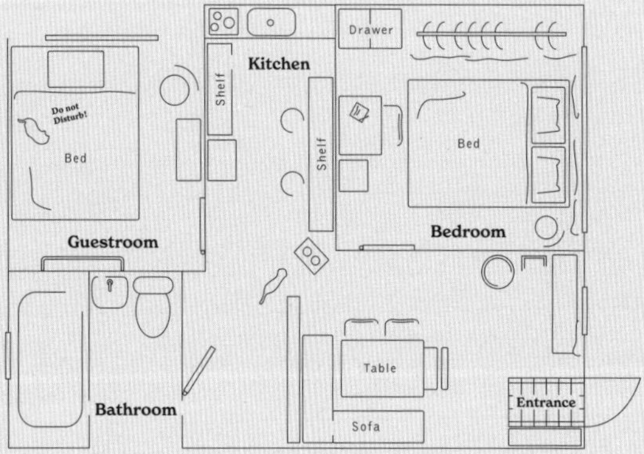

2014년부터 3년간 살았던 용산구청 뒤 이태원 집.

30년 된 다가구주택 2층. 집주인 가족이 사는 집이었다가 할머니께서 연로하셔서
1층으로 옮긴 후 월세 세입자들만 살았다고 한다.

실평수 15평. 방 2, 거실, 주방, 화장실.

보증금 700만 원, 월세 70만 원.

문양이 새겨진 원목 천장이 특징이었던 집.
화장실이 넓고 바닥과 벽이 반듯하게 지어진 것도 장점이었다.

대부분 그대로 두고 바닥과 문짝, 욕실과 주방 타일을 페인팅했고
싱크대는 MDF와 삼나무 합판을 주문제작해 교체했다.

방1은 침실(드레스룸, 작업공간), 방2는 게스트룸(에어비앤비, 셰어룸)으로 썼다.

카페 같은 상업공간처럼 만들고 싶어서
거실에 커다란 테이블과 벤치 의자를 두었다.

빈티지한 원목 천장이 독특했던 집.

바닥은 장판을 걷고 검은색 페인트를 칠했다.

침실 겸 작업실 겸 드레스룸.

용도가 여러 가지 같지만 메인은 잠자는 공간. 침대 이외의 물건은 되도록 최소화하거나 가렸다.

my *Place*, my *Favorite*.

가위나 집게, 청소도구까지도 최대한 신중하게 골랐다.

좁고 긴 주방에는 긴 선반을 달아서 바 테이블로 썼다.

게스트룸. 유칼립투스와 가는 동파이프로 만든 오브제를 벽에 걸어주었다.

이후, 새로 이사 오는 분께 가구와 집기를 모두 넘기고 떠났고,
이태원 집은 그 모습 거의 그대로 5년간 유지되었다. 살던 분이 이사를 가며
다른 세입자에게 넘겨주었는데, 건물주가 바뀌어 집이 곧 철거된다는 소식을 들었다.

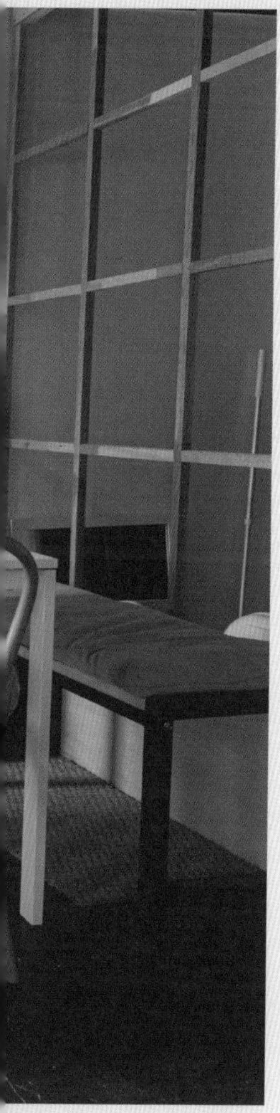



안녕, 나의 집.

네가 있어 행복했어. 고마웠어.

# Part 1.

# 내가 좋아하는 곳에
# 살고 있나요

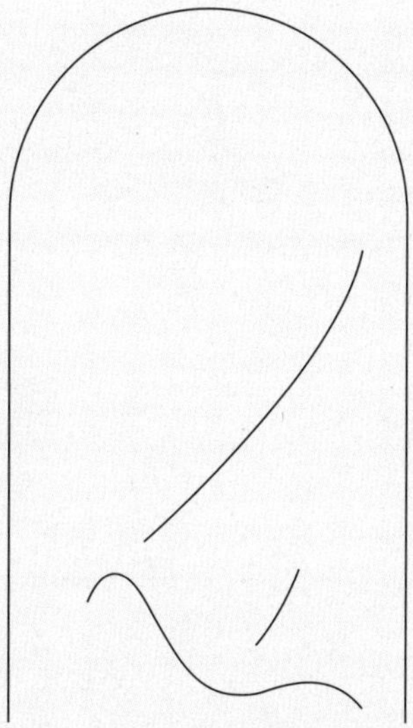

# #1 집을 가꾼다, 나를 돌본다

FROM CAVES TO CANVAS
apartamento
Casa
THE YOUNGBLOODS

나는 언제나 내가 가장 좋아하는 장소가 집이기를 바랐다.
명의가 누구인지는 중요하지 않았고 2년을 살지 20년을 살지
그런 것도 중요하지 않았다.
나의 고양이들과 함께 잠이 들고 아침을 시작하는 곳.
커피를 마시고 음악을 듣고 책을 읽고 샤워를 하고 화장을 하는 곳.
하루의 끝에 내가 돌아가야 하는 곳.

집은 일상이고 배경화면이어서
이왕이면 나의 몸과 마음이 편안하고 즐거울 수 있는 곳이었으면 했다.
그래서 식기를 살 때도 가구를 살 때도 두 번 세 번 생각하곤 하는데
멋진 것, 비싼 것, 남이 보았을 때 부끄럽지 않은 것보다
'정말 내가 원하는 것인가'가 유일한 기준이었다.

가지고 있던 물건도 필요 없거나 지나치게 눈에 거슬리면 처분했다.
반대로 딱히 쓸모를 말할 수는 없어도 애정이 가는 것들은
되도록 잘 보이는 곳에 두었다. 벽에 걸기도 하고 진열해두기도 했다.
그렇게 비워내기도 하고 채워 넣기도 하며 하루하루를 보냈다.

처음 생각한 그대로 되지도 않았고
지금의 모습이 최선이라고 할 수도 없겠지만
지금은 내가 사는 집이 세상에서 내가 가장 있고 싶은 공간이다.

액자에 끼워둔 엄마의 편지가 있고 내가 고른 스피커가 있는 곳.
친구들이 선물한 나뭇가지가 벽에 걸려 있고
며칠 전에 산 향기 좋은 바디워시가 기다리는 곳.
가만히 앉아서 제자리에 있는 물건들만 봐도 기분이 좋아지는 곳.

나에게는 그런 공간이 필요했다.

누구나 한번 겪어보면 알게 될 것이다.
사실 집이라는 곳은 그래야만 한다는 것을.

## 누구나 누릴 수 있는 행복

사랑하는 고양이들과 쾌적한 집에서 재즈를 들으며 시작하는 아침. 신선한 원두를 갈아서 커피를 내리고 창문들을 열어 환기를 시키며 집 안을 돌아다닙니다. 거실에 놓인 커다란 테이블 위에는 얼마 전 꽃시장에서 사 온 봄 잎사귀가 풍성하게 꽂혀 있고요. 주방의 바 테이블에 앉아서 커피를 마시며 거실 쪽을 바라보면 빛이 적당히 들어오는 창가 선반으로 고양이들이 뛰어오르며 장난치는 모습이 보입니다. 거실 귀퉁이에 놓인 여인초의 커다란 잎사귀도 눈에 들어옵니다. 여인초의 초록빛과 붉은 토분의 조화는 볼 때마다 따뜻하고 상쾌합니다. 나를 둘러싼 모든 물건이 제자리에서, 거슬림 없이, 나의 눈과 마음에 가장 편안한 모습으로 존재하고 있음이 느껴집니다. 그러다 보면 문득 여기 살아서 참 좋다, 라는 생각이 들어요.

자신의 공간에서 안정감을 느끼고 '나'라는 사람에 대한 확신을 가지게 되는 것. 저는 이런 것들이 소수만을 위한 특권은 아니라고 생각합니다. '집'이라는 공간이 주는 혜택은 우리가 얼마나 부자인지, 얼마나 시간이 많은 사람인지와는 상관없이 누구나 누릴 수 있고 또 반드시 누려야 한다고 믿고 있어요.

"집을 가꾸다"라는 표현을 좋아합니다. "정원을 가꾸다"라거나 "꽃을 가꾸다"처럼 '가꾸다'라는 말이 지닌 정성스러운 분위기가 좋아요. 누군가가 '집 꾸미는 법'을 물어오면 "집을 꾸밀 때는 이렇게 이렇게 하세요"라고 대답하다가도 마음속으로는 '그런데 이때는 '꾸미다'라는 단어보다 '가꾸다'가 더 어울리는 게 아닐까' 생각하곤 하죠.

집을 가꾼다는 것은 우리의 생활을 돌본다는 이야기와 닮았습니다. 방치하지 않는다는 의미죠. 어느 구석, 어느 모퉁이 하나도 대충 두지 않고 정성을 들여 돌보는 것. 그것은 무엇보다 중요한 삶을 대하는 방식이자 행복에 관한 이야기입니다.

## 내가 뭘 할 수 있을까

내 공간을 좀 더 예쁘게 만들고 싶다는 마음은 누구나 가지고 있지만, 막상 무엇부터 해야 할지 잘 떠오르지는 않습니다. 어느 날 아침 눈을 떴는데 '여기는 왜 이렇게 엉망이지? 내가 뭘 할 수 있을까?'라는 생각이 들면 막막함이 몰려오면서, 지금 할 수 있는 게 그다지 없다는 결론에 이르게 되지요. 그래서 포기하게 되는 것 같아요. 너무 많은 걸 건드려야 한다는 생각 때문에요. 살다가 어느 순간 돌아보면 손을 쓸 수가 없거든요.

초등학교 3학년 때 부모님이 처음 집을 사셨어요. 방이 세 개 있고 화장실이 하나 딸린 스무 평 남짓 되는 강원도의 연립 주택이었습니다. 엄마는 동대문까지 가셔서 천을 떼다가 커튼을 만들어 달았습니다. 페이즐리 무늬가 있고, 광택이 나는 파란색 커튼이었어요. 테두리를 따라 자잘한 무늬가 새겨진 한국도자기의 그릇도 세트로 사 오셨고요. 거실에는 러그도 깔았습니다. 저희에게는 더할 나위 없이 근사한 집이었어요.

그 집에 살기 전 우리 세 식구는 줄곧 단칸방에 살았는데, 이사하고 처음으로 제 방과 침대가 생겼습니다. 제 방은 특별히 백설공주

와 일곱 난쟁이가 그려진 벽지로 도배를 했어요. 아빠가 방문 안쪽에도 벽지를 붙여주셔서 문을 닫으면 동화 속 세상에 들어온 듯했습니다.

새집에서 제가 가장 좋아했던 곳은 베란다였습니다. 다른 집들은 모두 베란다 벽이 흰색인데 우리 집만 딸기우윳빛 핑크색이었거든요.(나중에 알고 보니 결로 때문에 얼룩덜룩한 벽을 핑크색 페인트로 칠한 거였습니다.) 멀리서 우리 집의 핑크색 베란다가 시야에 들어오면 웃음이 입가를 비집고 나왔습니다.

그러다 부모님이 운영하시던 가게를 옮기게 되어 1년 만에 이사를 했습니다. 이사한 곳은 상가 꼭대기에 있는 옥탑 집이었어요. 안방 바로 옆에 붙어 있던 조그마한 제 방에는 문도 달려 있지 않았습니다. 집을 둘러보며 '아, 어떻게 할 수가 없다'라는 생각을 처음 해봤어요. 부모님도 어쩔 수 없이 이사를 결심하신 것을 알았기에 그저 마음으로만 '예전 집 같은 데서 언제 또 살아볼까' 생각했습니다. 좋은 집에 사는 친구들을 부러워하고 샘내기도 했어요.

고등학교에 올라가 이사한 집도 아파트라는 점만 빼면 별다르지 않았어요. 그때도 급히 이사하느라 오래전부터 쓰던 가구며 물건으로 집이 중구난방이었습니다. 그 무렵에 특히 '나는 예쁜 물건이 좋은데'라는 생각을 자주 했어요. 집에 있는 물건들이, 대부분 안 예뻤거든요. 동네 가구점에서 대충 산 의자도, 마트에서 산 냄비도 주전자도 안 예쁘고, 자질구레한 잡동사니가 눈에 자꾸 보이더라고요. 하지만 그때는 내가 어떻게 할 수 없다고 생각했어요. 너무 막막했으니까요. 그러면서도 그 잡동사니들을 어떻게 하면 좋을지 나름대로 고민하긴 했어요. 그러다가 집에 굴러다니던 누런 주전자를 아크릴 물감으로 칠해봤는데, 이게 딱히 예쁘지는 않은데 묘하게 성취감이 있더라고요. 그게 제 손으로 무언가를 바꾸는 일의 시작이었어요.

그 후에 조금 더 용기를 내어 침대 헤드에 시트지를 붙여봤습니다. 밝은 나무 컬러에 가운데만 초록색으로 칠해진 곡선형 헤드보드였는데 이걸 내가 어떻게 해볼 수 없을까 고민했죠. 뭘 어떻게 바꿔야 할지 정말 하나도 모르겠더라고요. 그러다가 인터넷으로 겨우 접했던 정보가 시트지였어요. 흰색 시트지를 붙여보기로 했습니다. 곡선인 면에 시트지를 붙이는 건 사실 쉽지 않거든요. 붙이다가 기포도 생기고 곡선 부분을 예쁘게 마무리할 요령도 없었지만, 포기하지 않고 일단 하얗게는 만들었어요. 그때 제가 할 수 있는 일은 그것뿐이었거든요. 그래도 침대 헤드가 변신한 모습을 보면서 뿌듯하기는 했습니다. 비록 자세히 보면 마감은 엉망이었지만요.

좋은 집에 살고 싶다는 생각은 자주 하지만 현실에 부딪혀 금방 잊어버리게 되죠. 저는 그 생각을 조금 깊이, 오래 가지고 있었던 듯해요. 좋은 집에 살 수 있다면 더 행복할 것 같다는 마음이 무의식에 자리 잡았던 걸까요. 가구 브로슈어에서 잘 세팅된 집 사진을 보면 '여기 살면 행복할 것 같다' 생각했어요. 초등학교 3학년 때 살았던 우리 가족의 '좋은 집'은 모든 면에서 쾌적했거든요. (지극히 주관적인 '좋은'의 기준입니다만.) 그 집에 살았던 1년간의 경험이 마음에 불꽃을 일으킨 것인지도 모르겠습니다.

제 기억에 그 집에선 항상 새벽 6시에 일어났어요. 부모님이 가게 일을 마치고 밤늦게 오셨기 때문에 아침에는 저보다 늦게 일어나셨는데, 저는 아침 일찍 일어나 엄마가 전날 밤 식탁에 챙겨둔 음식을 먹고 방에서 책을 읽었어요. 지금도 기억나요. 뒷베란다 창문으로 들어오던 빛, 창문을 열었을 때의 바람, 느긋하게 침대에 앉아서 책장을 넘길 때 들려오던 새소리. 그때 그 기분, 그걸 잊지 않고 살아온 것 같아요. 그래서 지금도 아침만큼은 내 공간이 TV 소리에 얼룩지지 않고 시작하면 좋겠다고 생각해요.

그런 거 있잖아요. 여행 갔을 때 호텔이나 잘 관리된 숙소에 가면 기분이 좋잖아요. 쾌적하고, 이불 정리도 잘 되어 있고, 소품 하나도 꼼꼼하게 신경 쓴 것들이 놓여 있고요. 이런 데 살면 좋겠다고 생각하죠. 그런데 현실로 돌아오면 잊어버리게 돼요. 그 마음을 잘 가져와서 현실에 펼쳐보는 거예요. '그곳은 이래서 좋았는데' 하면서요. 그 마음을 집으로도 가져오면 계속 생각이 나거든요.

바꿀 수 있다, 바꾸고 싶다, 이런 마음. 그런 생각만으로도 시작할 수 있어요. 달라질 수 있어요. 바꾸는 방법은 이제부터 하나씩 이야기해볼게요. 확실한 것은 집이 지금보다 조금 더 쾌적해지면, 나의 하루도 그만큼 달라진다는 것입니다.

몇 해 전, 부모님이 단독 주택이 옹기종기 모여 있는 마을에 집을 마련하셨다.
탠 크리에이티브에서 리모델링 공사를 맡았다.
커다란 주방이 있는 집, 동물과 식물들이 모두 어울려 살 수 있는 집.
그곳은 그런 집이 되었다. 구석구석 우리의 손길이 닿은 것들이 가득한 집에서
나의 든든한 아빠가, 다정하고 살가운 엄마가 모든 계절을 살고 있다.

## “저는 센스가 없어서 안 돼요”

우리는 뭔가를 잘하고 잘 알기 위해 공부를 합니다. 시간과 노력을 투자하죠. 집에도 그런 투자가 필요합니다. 취향을 찾고 멋진 공간으로 만드는 방법을 익히려면 수많은 시행착오를 겪어야 합니다. 가능하다면 지금 당장 시작하는 것이 가장 좋아요. 막연하게 멋지다고 생각했던 공간이 처음부터 나에게 오지 않거든요. 잡지나 SNS 속 멋진 공간이 갑자기 짠 하고 생기지 않거든요. 내가 무엇을 좋아하는지, 어떤 공간에서 진정한 행복을 느끼는지는 시도하고 실패하고 성공도 해보면서 조금씩 알게 되는 것이라고 생각합니다.

저는 돈이 없어도 내 집이 아니어도 '좋은 집'에 살고 싶었습니다. 돌이켜보면 처음엔 그게 전부였어요. 나를 행복하게 해주고 보듬어주는 공간을 만들면 내가 어떻게 변하는지, 얼마나 일상에 동기부여가 되는지까지 생각하지는 않았어요. 그저 막연히 지금 당장 좋은 집에 살고 싶었고, '으리으리하지 않아도 나에게 맞게 어떻게든 할 수 있지 않을까?' 하고 단순하게 생각했습니다.

처음엔 아주 쉬운 것부터 시도했어요. 아는 게 없었거든요. 곰팡이가 생긴 벽을 락스로 닦고 항균 페인트를 찾아내어 페인팅을 하고,

저렴한 책상이어도 디자인을 고민해서 사고, 꽃무늬 벽지 위를 좋아하는 색으로 칠하는 등의 일을 했지요.

처음 본격적으로 셀프 인테리어를 했던 보증금 500만 원에 월세 35만 원짜리 낡은 원룸은 총 100만 원 정도로 예산을 잡았습니다. 침대를 사고, 장판을 바꾸고, 페인팅을 하고, 선반을 달자고 생각했습니다. (급여통장에 약 200만 원이 들어오던 시절이었어요.) 100만 원이 아깝다고 여길 수도 있지만, 적어도 2년은 살 거니까 100만 원을 24개월로 나누면 월 4만 2천 원 정도. 월세에 4만 2천 원을 더해도 40만 원이 안 되는 금액이잖아요. 낡기는 했지만 한 달에 50, 60만 원씩 하는 신축 원룸보다 더넓으니, 이곳을 고쳐서 사는 게 나을 것 같다는 계산이었죠.

종종 이런 말을 듣곤 해요. "고요 님은 원래 센스가 있으니까 그렇죠. 제가 하면 안 돼요." 제가 좋아하는 책 『센스의 재발견』의 저자 미즈노 마나부는 말합니다. '센스는 누구에게나 있는 것이고, 절대 특별한 재능이 아니라 훈련의 결과'라고요. 그 말에 마음 깊이 공감합니다.

분위기가 좋은 공간의 구석구석, 특별한 물건 없이도 기분 좋은 공간을 이루는 것들, 내가 생각하지 못했던 가구 배치 같은 것들을 습관처럼 관찰합니다. 인상 깊은 공간에 놓인 소품이나 멋진 장소에서 사용하는 조명은 어떤 것인지, 어디에 어떻게 생긴 가구를 어떻게 두는지 등등. 그리고 집에 와서는 그것을 우리 집에 적용할 방법은 없을까 생각해봅니다. '보기 좋은 상태 혹은 물건'에 대해서 꾸준히 고민해보는 거죠.

멋진 이미지를 모으고, 되는 대로 흉내를 내보기도 했습니다. 책상의 철제 다리에 수성 페인트를 칠했다가 며칠 만에 페인트가 벗겨지는 것을 지켜보기도 하고, 모조품인지도 모르고 물건을 샀다가 몇 년 만에 오리지널 디자인을 발견하기도 했어요. 이렇게 실패하고 노력하는 과정이 필요하다고 생각합니다.

염두에 두는 것만으로도 훈련의 시작이라고 할 수 있어요. 우리 집에 조명을 단다면 어떤 것이 예쁠까 계속 생각하다 보면, 신기하게도 어느 날 갑자기 우리 집과 비슷한 구조와 느낌을 가진 어떤 공간의 예쁜 조명이 눈에 들어오는 순간이 있어요. 예를 들어 특정 스타일의 옷을 사고 싶은데 나한테 어울릴지 고민이 될 때, 우연히 나와 체형이 비슷한 사람이 그런 스타일의 옷을 입은 걸 본다면 '아, 내가 입어도 저런 핏이 가능하겠네'라고 생각하는 것처럼, 집도 비슷합니다. 고민의 시간과 과정이 필요하죠. 중요한 건 관심이에요.

물론 어딘가에서 본 예쁜 집들을 따라서 꾸민다 하더라도 처음부터 똑같은 수준으로 나오진 않을 겁니다. 저의 경우 독립 이후 다섯 번째 집이고, 계획한 것과는 전혀 다른 공간에 살게 된 적도 많았습니다. 게다가 지금의 집도 완벽하게 이상적인 공간이라고 할 수 없고요. 처음에는 잘 안 될 수도 있어요. 하지만 포기하지 않고 시도하다 보면, 다음 집은 좀 더 낫고 그다음 집은 거기서 좀 더 나아지더라고요.

잡지에 나오는 연예인의 방을 동경하며 내 침대 헤드에 시트지를 붙이는 일이, 근사한 주택에 바를 법한 고급스러운 색깔의 수입 페인트를 곰팡이 핀 내 방에 칠하는 것이 내가 꿈꿔오던 멋진 공간으로 지금 당장 데려다주지는 못하지만, 사소한 시도들이 모이고 모여 하나의 데이터가 되어온 것을 느낍니다. 그것은 비록 완벽하진 않지만 경험에서 오는 확실한 기록들이어서, 필요한 순간에는 어떻게든 모습을 드러냅니다.

## "나중에 내 집이 생기면…"

블로그와 인스타그램에 집 사진을 처음 올릴 무렵, 가장 많이 받았던 질문이 있습니다. "그 집은 '자가' 인가요?" 혹은 "전세인가요?"

"월셋집이에요."

라고 답하면 어떻게 자기 집도 아닌데 그렇게 공을 들이냐며 놀라워합니다. 처음에는 제가 뭔가 잘못한 기분이 들 정도였습니다. "전셋집도 아니고 월셋집!!!"이라는 감탄사를 볼 때면 느낌표들이 소리로 들리는 것 같았어요. 부끄러워해야 할 일도 아닌데 어쩐지 얼굴이 화끈거렸습니다. 이십 대 후반, 삼십 대 초반에 몇천만 원 혹은 몇억 원이 없는 것은 당연한 일이 아닌 걸까 고민스러웠습니다.

'셋방살이 집' 에 대한 사람들의 생각에 가장 놀랐던 때는 예전에 살던 원룸이 신문기사로 소개되었을 때였습니다. 나름 고심해서 내 돈으로 벽과 문을 하얀색으로 페인팅하고, 장판을 깔았던 여덟 평 정도의 분리형 원룸. 이케아와 중고 가구를 들이고 선반을 제작해서 달고 옷장으로 공간 분리도 했던 집. 작고 낡았지만, 그리고 월셋집이지만 하나부터 열까지 신경을 썼던 공간이었죠.

한 신문사에서 그 집을 취재해 갔는데 며칠 후 그 기사가 네이버 메인에 올라갔어요. 여러 명의 인터뷰가 담긴 기획기사였는데 하필 우리 집 사진이 맨 위에 있었습니다. 그날 저는 온갖 악플과 비아냥의 대상이 되었어요. 집주인만 좋은 일 시킨다, 저렇게 작은 집에 저렇게 물건을 두었느냐, 그럴 돈 있으면 딴 데 써라, 된장녀다, 라는 말까지. 생각보다 많은 사람이 집에 들이는 노력을 사치라고 느끼더라고요. '내 것이 아닌 집은 잠시 스쳐 가는 곳 = 잠만 자는 곳 = 대충 해놓고 살자'라고 생각하는 거죠.

공간스튜디오를 운영하면서 "나중에 내 집이 생기면, 돈이 더 모이면, 좋은 집에 이사 가면…"으로 시작되는 이야기를 수없이 들어왔습니다. 하지만 '이곳이 아닌 곳'에서 '언젠가' 행복하게 살겠지, 라는 생각보다 지금 내가 사는 집에서 행복할 방법을 찾아보는 건 어떨까요? 꿈에 그리던 그 집을, 지금 사는 집에서 최대한 비슷하게 이뤄보는 거예요.

한 달을 살아도 평생을 살아도

우리 집이니까.

## "공사할 엄두가 안 나요"

**인테리어(명사)** 실내를 장식하는 일, 또는 실내 장식용품.

**공사(명사)** 토목이나 건축 따위의 일.

집이 마음에 들지 않아도 막상 손대려면 막막해지는 이유 중 하나는 '인테리어' 하면 '공사'를 떠올려서인 것 같아요. 그래서 엄두가 안 나고, 돈도 많이 들 것 같고요. 하지만 알고 보면 공사가 인테리어의 전부는 아닙니다. 반드시 공사를 하지 않아도 돼요. 인테리어에서 가장 중요한 건 그 공간에 머무는 사람의 손길이 닿는 거니까요.

저희 집을 예쁘다고 하는 분이 많습니다. 그런데 이 집(고요의 집 시즌2 자양동), 바닥과 벽만 손봤을 땐 아주 평범했어요. 이런 일도 있었어요. 집을 구할 때 부동산에서 저를 집주인 할머니께 소개하기를 '돈 많이 들이지 않고도 집을 예쁘게 만들어서 TV에도 나온 사람'이라고 한 거예요. 그 이야기 때문에 집주인 할머니도 같은 건물에 사는 분들도 공사하는 내내 저희 집을 궁금해하셨어요. 지나갈 때마다 집을 들여다보시던 집주인 할머니는 평범한 마루를 깐 바닥과 저렴한 흰색 벽지로 도배한 벽을 보고는 "그냥 평범하네? 이게 다야?" 하며 눈을 커다랗게 뜨고 보시기도 했습니다. (이때는 정말 부담스러웠어요.)

의뢰를 받아 다른 분의 공간을 인테리어 할 때면 제가 주인이 된 마음으로 소품을 놓고 공간을 매만집니다. 하지만 진짜 주인이 그곳에서 한 달 정도 지내고 나면 그제야 공간의 색깔이 나옵니다. 더 다정해지기도 하고, 때론 약간 어수선해지기도 하고요. 좋고 나쁘고의 문제가 아니라고 생각해요. 그게 그 사람의 공간인 거죠. 공사에서 끝나는 게 아니라 살면서 하나씩 채워나가는 것. 제가 생각하는 인테리어는 그런 것입니다. 살아가는 방식 같은 것요.

나중에 보니 텅 빈 느낌이 드는,

집의 처음 세팅.

## '나만의 취향'이라는 지도 한 장

"돈을 들여 인테리어를 했는데 우리 집은 왜 안 예쁠까요?"
"진짜 원한 집은 이게 아니었는데 현실과 타협하다 보니 이런 모양이 됐어요. 예산이 적었으니 어쩔 수 없죠, 뭐."

나름 고민해서 가구도 선택하고, 소품도 모았는데 어쩐지 어수선해 보이는 우리 집. 혹은 인테리어 시공 후에도 멋지지 않은 우리 집. 무엇이 문제일까요. 제가 주변에서 본 어수선한 집의 예를 들어볼게요.

먼저, 물건이 중구난방인 집. 아무 생각 없이 사들인 물건과 구색이 맞지 않는 가구가 자리 잡고 있는 집이 이 부류에 속합니다. 이사하며 급하게 산 검정 가죽 소파, 원목 색깔이 제각각인 서랍장과 책상, 흰색 하이그로시 붙박이장, 홈쇼핑을 보다가 적당하고 저렴해서 구입한 그릇 세트까지, 필요해서 사들이기는 했지만 그 어떤 연결고리도 찾아보기 힘든 데다가 함께 모여 있을 때 아름답지도 않습니다.

물건이 중구난방인 집의 이면에는 '합리적인 소비'라는 탈을 쓴 방해꾼이 숨어 있는 경우가 많습니다. '예쁜 물건은 다 비싸', '이건 이렇게 사야 저렴해', '그릇이 마음에 쏙 들 필요까지 있나, 이렇게 사면 열 개 세트에 네 개가 더 추가된다고.'

또 '유난 금지'라는 이름의 방해꾼이 활약하는 경우도 있는데요. 이사를 하게 되면 사람들은 생각합니다. '이번 집은 정말 예쁘게 꾸밀 거야. 심사숙고해서 멋진 집을 만들 거야!' 하면서 하나하나 신경 써서 사겠다고 결심합니다. 인터넷을 뒤지고, 사람들에게 조언을 구하고, 인테리어 관련 블로그들을 정독하고, 가구 카탈로그를 모으며 멋지고 좋은 가구에 눈을 뜨기도 하죠. 그러다가 깨닫습니다. '아, 세상에는 정말 엄청나게 많은 가구가 있구나. 예쁜 것들은 전부(사실 모두 그렇진 않습니다) 비싸구나….' 네, 슬프게도 우리는 주로 이런 결론에 도달합니다.

이때 주변에서, 혹은 가족 중 누군가가 말하죠. "아니, 뭘 그렇게까지 유난을 떨어. 그냥 소파(혹은 테이블, 조명, 침대) 하나 사는 건데 가격 적당하고 사용하기 편하면 됐지. 언제까지 고르고만 있을 거야?" 그러면 풍선처럼 부푼, 예쁜 인테리어를 꿈꾸던 마음은 뾰족한 바늘에 찔린 것처럼 푸슈슉 김이 빠지고 맙니다. '어. 맞아… 나 그냥 평범한 사람이지. 난 인테리어 디자이너도 아니고 셀럽도 아니라고. 멋진 집은 아무나 가지는 게 아닌걸' 하는 마음이 찾아옵니다. 이런 마음이 귀찮음과 만나기라도 하면 '유난 금지'라는 네 글자가 순식간에 마음을 장악합니다. 문제는 이 네 글자가 결국 우리 집의 분위기를 '중구난방'으로 만든다는 데에 있습니다.

어설프게 따라 한 집도 마찬가지입니다. 멋진 집들을 보며 일단 따라 하라더니 왜 문제라고 하냐고요? 일단 따라 하는 것, 좋죠. 저는 멋진 집을 보면 꼭 한구석이라도, 간단한 디스플레이라도 흉내내보라고 권합니다. 그런데 문제는 '어설픔'에 있어요. 이 어설픔은 완벽하게 모방했는지 아닌지를 말하는 것이 아니라 '마음가짐'을 말합니다. '어설픈 마음으로 따라 한 집'이 문제인 거죠. 별 고민 없이 요즘 이거 유행하더라, 우리 집은 그걸로 꾸미자 결정하고 '무슨무슨 풍' 인테리어의 가구와 소품을 한꺼번에 구매해서 집을 꾸미는 것은 말 그대로 '꾸밈'입니다.

제가 가장 좋아하지 않는 집이 과하게 '꾸민' 집인데요. 물론 원하는 장식을 자신의 취향대로 반영한 집은 멋집니다. 장식이 많은 집과는 다른 이야기지요. 자신과 가족에 대한 통찰 없이 그냥 '요즘 이런 스타일이 좋아 보여'라는 생각만으로 꾸민 집은 그 공허함이 어떻게든 드러나게 됩니다. 겉으로는 번듯해 보여도 쉽게 질리거나 몸에 맞지 않은 옷을 입은 것 같은 기분이 들죠. 경제적으로 매우 여유로운 경우에는 이게 아니다 싶으면 가구와 장식 전체를 다른 스타일로 바꿀 수도 있겠지만 보통은 쉽지 않은 일입니다.

저는 집을 새로 짓는 것이 아니라면 필요한 부분만 손보고 최대한 있는 것을 살리는 인테리어를 좋아합니다. 조금만 정성을 들여도 집은 드라마틱하게 바꿀 수 있어요. 거기에 각자의 개성이 깃든 스타일링이 더해지면 자신만의 공간이 될 수 있답니다. 누굴 따라 하지 않고도, 흔하디흔한 이케아 가구만 가지고도 자신에게 가장 잘 어울리는 공간, 멋진 공간을 만들 수 있습니다. '나만의 취향'이라는 지도만 있다면 말이지요.

## #2 취향, 어디서 찾나요

내가 그리워하는 것들과
보고픈 것들과
좋아하는 것들을 모으면
그것이 바로 나의 집.

THE
ECHOING
GREEN

## 멋진 집은 모두 주인을 닮았다

십 대였을 때 저보다 두 살 많은 크게 성공한 모델이 새로 이사한 집을 패션잡지에서 보았어요. 당시 스무 살을 갓 넘긴 그녀가 '논현동 가구거리'를 돌며 40여 평의 공간을 직접 꾸몄다고 했어요. 짙은 색 원목의 커다란 침대가 놓인 이국적인 침실 풍경이 아직도 눈에 선해요. 뭐랄까, 그 알 수 없는 위압감 같은 것요. 클래식하고 세련됐으면서도 내 방 가구와는 달라도 너무 달라 보이는 나뭇결이 살아 있는 원목 가구들도 충격이었지만, 그것보다도 '논현동'이라는 동네에서 비싼 가구를 척척 고르는 모델 언니라니. 어린 시절 줄곧 읍 단위의 시골에서 살았던 저에게 논현동 가구거리라는 말이 주었던 막막함을 잊지 못합니다. 시골뜨기인 저 자신을 돌아보며 '아, 나는 가질 수 없는 거구나' 했던 것 같아요.

잡지에 소개된 집들을 보며 이 집은 좋고 이 집은 별로, 라는 알 수 없는 기준들도 마음속에 생겼는데 그때는 그 의미가 뭔지 잘 몰랐습니다. 그저 잡지 속에나 있는, 나의 기준을 넘어서는 근사한 집들을 보며 자주 나 자신에게 물었습니다. '언젠가 나도 이렇게 멋진 집에 살 수 있을까?'

옷도 가방도 구두도 아니고 '집'. 동네 서점 구석에 주저앉아 온갖 잡지를 뒤적이며 괜찮은 집들을 구경하면서 왜 이렇게 집 구경은 재미있을까, 왜 나와 친구들이 사는 집은 여기 나오는 집들과 다른 걸까 생각했어요.
돌이켜보면 부러웠던 것, 갖고 싶었던 것은 멋진 집이나 비싼 가구가 아니라 '취향'이었습니다. 이 집은 좋다, 라는 느낌이 드는 공간에는 집주인과 닮은 무언가가 녹아 있었던 것 같아요. 취향이 집약된 '집'이라는 공간에 언뜻언뜻 보이던 탐나는 삶의 방식 같은 것. 취향이 아니고서는 설명될 수 없는 것들 말이죠.

저는 대학 때부터 과제를 위해 구글 이미지 검색을 자주 했어요. 수업에 관련된 이미지를 찾다가 멋진 공간이나 물건, 작품 등을 발견하면 그걸 만들거나 소유한 사람의 블로그에 들어가 봤습니다. 그렇게 찾아 들어간 블로그에는 종종 주인장의 집이 등장하곤 했는데, 하나같이 멋졌던 기억이 납니다. 모두 인테리어 일을 하는 사람도 아닌데 말이에요. 멋진 집은 주인도 멋지구나, 아니 주인이 멋지면 집도 그렇구나 했었죠.
멋진 집만 주인을 닮는 것은 아닙니다. 주변을 둘러보면 집과 주인이 닮은 경우를 많이 발견하게 돼요. 허세를 부리는 사람은 돈을 들여 집을 꾸며도 알맹이가 없는 듯하고, 차가운 사람의 집에서는 어떻게든 차가움이 묻어난달까요.

어느 해에는 인터뷰를 많이 했습니다. 유명한 디자이너의 가구도 멋진 경치도 없는 30년쯤 된 낡은 월셋집인데도 많은 분이 좋아해 주신 덕분이었어요. 인터뷰에서 "이 집은 어떻게 이렇게 꾸미게 됐나요?"라는 질문을 자주 받았습니다. 처음에는 술술 대답했어요. 카페 같은 집을 동경했고 무채색으로 꾸미고 싶었고…. 그러다가 어느 날 저 자신에게 물어봤어요. 우리 집은 왜 이런 모습이 되었을까. 처음부터 철저하게 계산하고 원하는 모습을 구현했던 걸까.

적절한 대답은 '나도 모르게' 혹은 '어쩌다 보니'였어요. 동경하던 공간들, 오래도록 보아온 좋아하는 이미지들, 자주 듣는 음악들이 주는 분위기, 일상을 대하는 태도 같은 것들이 서로 작용하며 지금의 집을 만들었다는 사실을 깨달았어요. 모두가 생각하는 이상적인 집과 거리가 있을 수도 있지만, 저 자신과 생활패턴에 가장 완벽한 집이 지금의 이 공간인 거죠. 알게 모르게 저의 취향이, 저라는 사람의 본질이, 저의 노력이 집에 담겼고, 이런 점이 사람들의 마음을 끌었던 게 아닐까 싶습니다. 그래서 대단하지 않은 저희 집을 보며 '와, 나도 저렇게 살고 싶다'라는 생각을 하게 된 것이라고요. 그 '나도'라는 말 속에 담긴 마음은 가구나 소품 같은 것이 아니라 집주인에게 어울리는 공간, 온전하게 나를 위해 만들어진 장소에 대한 공감이겠지요.

좋은 사람이 되고 싶다는 마음을 담아 집을 가꿉니다. 나를 닮은 우리 집이 진정성 있고 따뜻한 공간이면 좋겠다는 마음으로요.

## 남의 기준 말고 나만의 것

멋진 집에 살고 싶다고 결심하면 우리는 '스타일'을 고민하기 시작합니다. 잡지를 뒤적이기도 하고 포털사이트 메인 화면에 뜬 누구누구의 집을 보면서 이 집 저 집을 견주어보죠. "이 스타일로 꾸미면 집이 예쁠까요?", "이 스타일이 좋을까요, 저 스타일이 좋을까요?" 제가 정말 많이 받는 질문입니다.

북유럽 스타일, 모던한 스타일, 보헤미안 혹은 미니멀 스타일, 맥시멀 스타일… 수없이 많은 종류의 멋진 집 사이에서 기준을 무엇으로 잡아야 할지 망설여집니다. 이 집도 멋진 것 같고, 저 집도 멋진 것 같죠. 하루는 미니멀리스트가 되리라 다짐하고 바로 다음 날이면 멋진 물건으로 가득한 어느 수집가의 집에 마음이 끌리죠.

사실은, 어떤 스타일이든지 다 예쁠 수 있습니다. 다만 기준을 어디에 두느냐에 따라 전혀 다른 집이 되는 거죠. 기준을 어떻게 잡아야 할지 잘 모르겠다면 옷 입는 일을 떠올려보세요. 남이 해서 멋지다고 해서, 혹은 유행이라고 해서 나의 체형과 스타일은 무시한 채 무조건 시도하는 게 그다지 좋은 방법이 아니라는 걸 우리 모두 알고 있습니다.

여러 스타일을 시도하고 실패도 해보는 동안 자기 체형을 잘 알게 되고 어울리는 옷을 보는 안목이 생기듯, 집을 가꾸는 일도 비슷한 과정과 노력이 필요합니다. 그 공간에서 생활하는 구성원만의 고유한 스타일이 필요한 거죠. 다른 사람의 기준이나 유행에 휩쓸리지 않는 나만의 것, 우리만의 취향이 필요합니다.

저 깊숙이 각자 좋아해왔던 것, 어릴 적 기억, 바라보고 있으면 기분이 좋아지는 풍경, 냄새와 촉감, 그리고 스스로 익혀온 미적 감각과 색감, 이런 것들이 한데 어우러지는 집. 그것이 '취향이 반영된 집'이겠지요.

그렇다면 그 '취향'은 어디서 찾고 어떻게 길러지는 걸까요?

비뚤게 붙은 타일 하나,
처음 그림과 다르게 마감된 가구,
벽지의 틈새가 벌어지거나 하는 일보다
인테리어를 볼품없게 만드는 것은

색깔 없는 주인,
이야기 없는 장소,
취향 없는 물건 같은 것이 아닐까.

디테일 있는 공간도
디테일 있는 인간도
모두 어려운 이야기.

## 그런데 취향, 어디서 찾나요

일단은 막막하죠. 저도 그랬습니다. 내 취향이 어디에 있는 건지, 존재하기는 하는 건지. 나의 취향이라는 게 결국은 지금 내 방에 있는 물건들, 그러니까 핑크색 극세사 이불과 잡지 사은품으로 받은 노란색 플라스틱 미니 테이블, 옥색 주니어 책상(책장과 책상이 한 세트로 붙어 있는) 사이 어딘가에 존재하는 것은 아닐지 두려웠던 날들이 있었습니다.

하지만 시간과 노력을 투자한다면 반드시 찾을 수 있습니다. 취향을 찾아가는 과정에 정해진 방법은 없지만, 저의 경험을 바탕으로 이야기해볼까 합니다.

### 이미지 모으기

먼저 '따라 하고 싶은 공간'의 이미지를 찾아서 모아봅니다. 나만의 고유한 취향을 찾으려고 하는데 따라 하고 싶은 공간이 웬 말이냐 할 수도 있겠지만, 이 부분이 사실 중요합니다.

이미지들을 모으며 나 자신을 깊이 있게 관찰하기 시작하고, 내가 어떤 것을 좋아하는지 고민하게 되거든요. 따라 하고 싶은 공간 하나만 잘 찾아도 넓고 깊은 '집 가꾸기' 세계에 안전하게 발을 들여놓은 겁니다. (정말입니다.)

가장 손쉽게 이미지를 모으는 방법은 포털사이트에서 검색하며 이미지를 저장해두는 거예요. 포털사이트에 들어가면 메인에 떠 있는 이미지 중 마음에 드는 것을 클릭하게 되죠. 혹은 방문한 블로그나 사이트의 글을 읽고 이미지를 보다 보면 좋고 싫음이 느껴집니다. 좋아하는 이미지를 찾는 일은 그렇게 시작됩니다. 그러다 보면 자연스레 나에게 맞는 검색어가 떠오릅니다. 검색을 하다 보면 감이 와요. 아, 이런 스타일이 계속 눈에 들어오는구나, 이런 이미지를 보면 기분이 좋아지는구나, 하고요. 그리고 관련 검색어로 더 찾아보는 거예요. 국내뿐 아니라, 해외 포털사이트로 영역을 넓히면서요.

인터넷 외에도 잡지나 책에서 본 마음에 드는 이미지들도 모아둡니다. 저는 그때그때 휴대폰으로 사진을 찍어서 저장해요. 좋은 공간을 방문했을 때도 기록을 남겨둡니다.

이미지를 모을 때 한 가지 유의할 점이 있어요. 사진을 보면서 뭐가 좋은지 자신에게 설명할 수 있어야 한다는 거예요. 납득을 시켜야 하는 거죠. 골라놓고 보면 '왜 골랐지?' 하는 생각이 들 때가 있거든요. 좋았던 이유가 떠오르지 않는 거죠. 그런 사진은 지워버립니다. 실수했는지도 모르겠다 하면서요. 나중에 다시 보면 별로다 싶은 것도 무척 많을 거예요. 그런 것들도 과감하게 지워버리는 게 좋아요. 어차피 우린 엄청나게 많은 이미지를 모을 거니까요.

**핀터레스트 활용하기**

이미지를 모으는 여러 방법이 있겠지만, 저는 핀터레스트www.pinterest.co.kr를 자주 활용합니다. 핀터레스트는 이름 그대로 관심사interest에 핀pin을 하는 사이트입니다.

내가 좋아하는 것들을 가상의 공간에 핀으로 꽂아 모아두는 거라고 생각하면 쉽죠. 다른 사이트의 이미지를 핀할 수도 있고, 핀터레스트 내의 이미지를 핀할 수도 있어서 좋았습니다. 이미지를 클릭하면 이미지의 출처 사이트도 방문할 수 있고요. 웹사이트는 물론 휴대폰 앱도 있어서 편리하게 이미지 컬렉션을 만들 수 있습니다.

핀터레스트의 최대 장점 중 하나는 이미지를 내 마음대로 분류해서 보관할 수 있다는 것이지요. 자유롭게 폴더를 만들고 이름을 붙입니다. (비공개 폴더도 만들 수 있습니다.) 폴더는 되도록 주제를 구체적으로 분류하는 것이 좋더라고요. 저의 경우, 처음에는 '인테리어', '옷', '시각디자인' 같은 식으로 크게 분류했는데요. 폴더에 모이는 이미지들이 마구잡이로 섞여버려서 나중에는 '주방 인테리어', '거실 인테리어', '침실 인테리어' 또는 지금 당장 우리 집에 실현해볼 수 있는 아이디어만 모으는 '나의 작은 집' 등 구체적으로 폴더를 만들었어요. 지금은 폴더가 더욱 세분화되고 있습니다. '나중에 살고 싶은 집', '결혼을 한다면 이렇게' 등… 물론 대부분 비공개로 만들고 있습니다.

이미지를 검색할 때 어떤 키워드를 넣을지 너무 고민하지 말고 쉽게 생각하세요. 예를 들어, 저는 작은 집에 살고 있으니까 small bedroom, small studio, small organization, vintage small house 등등 small을 넣어서 많이 검색했어요. (아무래도 영어로 검색하면 더 많은 이미지를 볼 수 있답니다.) 또는 침실이나 주방 혹은 식물 인테리어 등 구체적인 키워드를 넣어서 찾아봅니다. (예: minimal bedroom, vintage kitchen, plant interior) 마음에 드는 이미지를 클릭하면 그와 비슷한 이미지들도 보여주기 때문에 취향에 맞는 자료를 쉽게 찾을 수 있어요.

저는 이미지의 원본이 링크된 사이트를 자주 클릭해 들어가서 구경합니다. 연관된 더 많은 이미지를 찾을 수도 있고, 내 취향에 맞는 사이트를 발견할 수도 있거든요.

**공통점 찾기**

이제 모아둔 이미지들을 보며 닮은 구석을 찾아봅니다. 저마다 다른 공간, 다른 모습이지만 공통점이 있을 거예요. 왜 그 이미지가 좋았는지 생각해보세요. 나는 이게 좋다, 나는 이런 건 안 좋아하는구나, 사실 이것도 좋아하는구나 하며 의식하는 작업이 필요해요. 너무 깊이 생각하지 말고 가볍게 생각해보는 거예요.

모두 일관되지 않을 수도 있어요. 사실 취향이라는 건 한 가지 모습으로만 보일 수 있는 게 아니잖아요. 좋아하는 게 극단적으로 다른 경우도 있지요. 굉장히 히피히피한 이미지와 미니멀한 이미지를 골랐다면 '난 여기서 이런 게 좋고, 저기서는 저런 게 좋아'라고 할 수 있잖아요. 이미지가 저마다 달라서 당황스럽더라도 여기에서 어떤 게 좋은지, 어떤 부분이 좋아서 이 이미지를 모아놓은 건지 생각해봅니다. 그렇게 나를 찾아나가는 작업을 하다 보면 내 스타일이 뭔지 알 수 있게 됩니다.

아래 사진은 제 핀터레스트예요. 저는 취미가 '이미지 모으기'라고 할 만큼 요즘도 이미지를 모아요. 여러 방법을 활용해 이미지를 찾아보고 모으는 시간이 늘어날수록 내가 좋아하는 것들이 무엇인지 분명해집니다. 그것들을 분석할수록 취향이 발전한다는 걸 느낄 수 있을 거예요.

## 나만의 무드보드 만들기

이제 '무드보드'를 만들어볼 차례입니다. 무드보드는 말 그대로 보드판 위에 내가 좋아하는 이미지들을 보기 좋게 모아놓은 거라고 생각하면 돼요. 대학 시절 학부 수업에서 사용하던 말인데 디자인 공부를 하지 않은 분들도 누구나 쉽게 해볼 만해요. 나만의 무드보드를 만드는 방법은 다양하겠지만, 제가 시도해본 것 중 효과가 컸다고 생각하는 방법을 소개해볼게요

모아둔 이미지들 중 우리 집에 어울릴 것 같은 것들을 고릅니다. 잡지에서 본 멋진 이미지라면 오려내도 좋고 사진으로 찍어두었거나 인터넷으로 모은 이미지는 프린트를 합니다. 그런 다음 자신의 시선이 많이 닿는 곳에, 이를테면 책상 앞이나 냉장고 같은 곳에 잘 보이게 붙여두는 거예요. 커다란 종이를 먼저 붙이고 그 위에 테이프로 붙여도 좋고, 타공판 같은 것을 구입해서 자석으로 붙여도 좋습니다. '눈앞에 보이는 것'이 포인트예요. 아무리 디지털 시대라지만 바로 눈앞에 두고 바라보는 것, 실재하고 만져지는 것과 데이터로만 쌓여 있는 것은 다르거든요.

제가 회사에 다닐 땐 책상 앞에 좋아하는 이미지들을 프린트해서 붙여두었어요. 지금도 좋아하는 이미지를 잘 보이는 곳에 붙여둡니다. 편집숍에서 준 포장지 같은 것도 마음에 들면 붙여두고 좋은 부분을 기억하려고 노력해요.

이렇게 실제로 붙여놓은 것들은 마음속 어딘가에 각인되는 느낌이에요. 잊어버린 것 같아도 훗날 어디선가 불쑥 생각나기도 하고, 쇼핑을 할 때 나도 모르게 튀어나오기도 합니다. 빈티지 가구점에서 옆 사람에게는 별로 대단치 않아 보이는 그릇장이나 테이블을 보며 '어머, 저건 어디에 어떻게 두면 되겠다' 하고 눈을 반짝이게 되는 건 그냥 생기는 일이 아니더라고요.

벽에 붙은 무드보드를 보는 건 스쳐지나는 이미지를 볼 때와는 달라요. 시각 훈련 같은 거죠. 내가 소비하는 물건들도 묘하게 그 무드보드를 따라가게 되고요. 매일 보다 보면 결국에는 따라 하고 싶고 닮고 싶은 공간들과 내 주변이 닮아가는 놀라운 경험을 할 수 있어요.

영감을 주는 이미지들을 냉장고 옆에 붙여놓았어요.
좋아하는 장소가 찍힌 엽서, 지금 집을 인테리어할 때 참고했던 이미지들,
좋아하는 글귀 등이 붙어 있습니다.
이대로 작은 무드보드인 셈이죠.

# 결국은 '나'



이미지를 모으고 무드보드를 만드는 틈틈이, 자신이 좋아하는 것이 무엇인지 생각하는 시간을 가져보는 것도 좋습니다. 가볍게 '내가 뭘 좋아했더라' 생각하는 것에서 시작하면 됩니다. 취향을 찾겠다는 다짐은 내려놓고 '좋아하는 것들'에 집중해봅니다. 추상적인 이미지나 장르 말고 좋아하는 음악, 책, 게임이나 평소 자신이 즐기는 것들을 구체적으로 떠올려보는 거죠. 의외로 자신이 무엇을 좋아하는지 정확하게 설명하려고 하면 어렵거든요. '좋아하는 것'과 '좋아하고 싶은 것'의 간극도 존재하고요.

저는 대학 시절, 파이스트**Feist**라는 캐나다 가수의 노래를 굉장히 좋아했어요. 윤상과 루시드폴을 좋아했고, 잠이 오지 않는 밤에는 코린 베일리 래**Corinne Bailey Rae**의 〈Like a star〉를 반복해서 들었어요. 그런가 하면 영국 드라마 〈셜록〉 시리즈, 영화 〈이터널 선샤인〉, 〈마담 프루스트의 비밀정원〉, 마스다 미리의 그림과 글도 좋아합니다. 몰스킨 노트를 해마다 사고, 연필로 글씨를 쓰는 일, 버려진 물건 중 멋진 것을 찾아내는 일을 좋아해요.

좋아하는 것을 나열하다 보면 상관없다고 생각했던 부분들이 서로 맞닿아 있어서 놀랍기도 하고, 많은 것이 개연성 없이 마구잡이로 섞여 있어 당황스럽기도 해요. 그런 것들이 커다란 덩어리를 이룬 것이 바로 '나'라는 사실을 인지하면 일상생활을 디자인하는 일에 재미와 깊이가 생깁니다.

# #3 무엇부터 시작해야 할까요

집을 가꾸는 일은 원래 단기간에 불가능해요.
살면서 좋은 것을 하나씩 늘려가다 보면 그게 바로 나의 집이죠.
왜 하냐고 묻는다면 사랑하는 공간을 가졌을 때의 삶이 그렇지 않을 때보다
좀 더 풍성해지는 기분이 들어서 그렇습니다.

## "도대체 무엇부터 시작해야 할까요"

지금 살고 있는 집의 분위기를 바꾸겠다고 마음먹고 나면 우리는 거창한 것들을 떠올리기 쉽습니다. 벽이 문제일까, 바닥이 문제일까, 가구를 바꿔야 하는 걸까. 하지만 의외로 집의 분위기를 좌우하는 건 필요 없는 물건들을 정리해 깔끔한 상태, 눈에 거슬리는 요소를 없애는 것처럼 비교적 간단하게 할 수 있는 일들이에요. 물론 가장 먼저 해야 할 일은 내 취향에 대해 고민하고 원하는 분위기를 찾는 거지만요.

친구들이 집을 바꾸고 싶다고 상담해오면 제일 먼저 "정성껏 청소하고 쓸데없는 물건부터 버려"라고 말해줘요. (정리정돈에 대해서는 뒤에서 자세히 이야기할게요.) 그다음엔 침구는 어떤 걸 쓰냐고 언제나 물어요. 집의 분위기를 바꾸고 싶어 하는 사람들 대부분은 형형색색의 또는 꽃무늬나 기하학무늬의 침구를 사용하더라고요. 제 조언은 늘 같습니다.

"침구부터 바꿔봐."
비싼 게 아니어도 돼요. 좋아하는 촉감이나 패턴, 컬러의 침구를 찾아서 바꿔보세요. 그러면 하룻밤 사이에 호텔이나 유명인의 집처럼 되지는 않더라도 뭔가 할 수 있을 것 같은 기분이 들어요. 이건 그냥 하는 말이 아니라 경험담이에요. 저와 제 주변인들, 그리고 저에게 집의 고민을 이야기해온 모든 사람이 경험한 이야기입니다.
침구에서 시작된 변화의 물결은 대개 정리정돈과 '깔끔함 유지'의 영역으로 넘어갑니다. 말끔하게 바뀐 침구가 매일 말을 걸거든요. 이제 여긴 더 이상 예전의 방치된 공간이 아니야, 나는 너의 취향으로 이곳에 왔어, 라고요. (하하.)

의욕이 생긴 김에 침구에서 더 나아가 창문에 하늘하늘한 커튼도 걸어보세요. 패브릭 한 장이 만들어내는 포근함과 아늑한 느낌, 그건 내 손으로 직접 해보고 두 눈으로 확인하기 전까지는 실감 나지 않거든요. 지금 당장 집에 변화를 주고 싶을 땐 바꾸기 어려운 것보다 쉬운 것부터, 그리고 면적을 많이 차지하는 것부터 시작합니다. 그래서 침구나 커튼, 러그 같은 패브릭이 1순위 교체 대상이에요. 그것만 바꿔도 집 분위기가 달라지고, 다음 단계로 넘어가고 싶은 의욕이 생깁니다.

마음에 안 드는 테이블이 있다면 테이블보를 덮고 화병이나 소품을 올려놓는 방법도 있어요. 테이블보가 더러워질까 봐 걱정이라고요? 테이블보는 세탁하면 됩니다. 중요한 것은 작은 시도를 통해 작은 변화를 맛보는 것이고, 그것이 우리의 생활을, 하루하루를 얼마나 더 즐겁게 해주는지 깨닫는 일이랍니다.
이렇게 가구보다는 부담이 적은 패브릭과 소품부터 바꿔봅니다. 그러고 나서도 더 욕심이 나거나 도저히 이것으로 안되겠다 싶을 때 비로소 가구를 바꾸는 순서로 옮겨갑니다.

## 집이 가진 최선의 모습

자신의 공간에 대해 생각해봅시다. 집을 찬찬히 둘러보는 것에서 시작해볼까요. 둘러보며 내가 좋아하는 것들이 명확하게 드러나는 집인지 아닌지 고민해보는 거예요. 그러기 위해서는 집의 '최선'의 모습을 볼 수 있어야 합니다. 집의 최선의 모습이란 내 공간의 가장 멋진 모습, 깨끗하게 정리정돈된 모습을 말합니다.
여러분은 잘 정리정돈된 집에서 살고 있나요? 분명 청소를 했는데도 왜 하루 만에 원래 상태로 돌아오는지, 왜 마음을 심란하게 하는 물건들에 둘러싸여 사는지, 왜 우리 집에 있는 가구들은 내가 동경해오던 것이 아니고, 소품들은 잡지에 나오는 멋진 집의 그것들과 동떨어져 있는지 생각해본 적이 있나요?

저희 부모님이 공들여 가꿨던 연립주택을 떠나 이사했던(46쪽 참고) 그 옥탑 집에서도 행복한 기억을 많이 쌓았습니다. 하지만 집의 모습을 떠올리면 안타까운 마음이 듭니다. '몇 년만 대충 살자'라는 생각이 불러온 인테리어 재앙이랄까요. 전축도 소파도 갖추고 양탄자(라고 불러야 어울리는 비주얼이었습니다)도 깔고 제법 '신경 쓰고' 살았던 연립주택은 다른 가족의 보금자리가 되었고, 우리 가족의 옥탑 집에는 온갖 잡동사니가 자리를 잡았습니다. 이전 집에서 사용하던 원목 이불장, 침대, 화장대 세트와 자동차 타이어 두 개를 겹쳐 쌓고 유리를 올려서 만든 TV 받침대가 함께 놓인 안방, 그리고 매트리스 하나와 주니어 책상 하나가 겨우 들어가는, 문이 없는 내 방. 거기에 '○○미용실 신장개업', '축 백일' 따위의 문구가 쓰인 메모꽂이나 볼펜, 수건이 집 안 곳곳을 채우고 있었죠.

분명 우리 가족은 행복했고 딱히 가난하지도 않았는데 집 안을 둘러보면 자주 심란하고 우울했습니다. 그 당시 주변에서 '네가 사춘기여서 그렇다'고 했기 때문에 그런 줄만 알았어요. 어떻게 하면 그 기분에서 빠져나올 수 있을까, 자주 고민했습니다. 그러다가 우울한 마음을 순식간에 바꿀 수 있는 방법을 찾아냈어요. 초등학교 4학년의 취미, 그건 바로 청소였습니다.

바닥을 쓸고 반질반질하게 닦고 구석구석 먼지를 없애고 환기를 시켜서 상쾌한 기분이 드는 것도 무척 좋았지만, 무엇보다 가장 좋아했던 것은 물건을 정리하는 일이었어요. 동전이며 잡동사니가 가득 들어 있는 트레이(이것도 어디서 받아온 물건이었는데, 나무로 만든 둥근 볼에 '개업축하' 같은 문구가 각인되어 있었습니다)는 물론이고 연필과 샤프, 볼펜, 지우개와 알 수 없는 전기선 같은 것들이 들어 있던 연필꽂이를 바닥에 쏟아놓고, 동전은 돼지저금통에, 지우개는 서랍에, 전기선은 쓰레기통에 버리고, 연필꽂이엔 연필과 볼펜만 남기고 트레이는 비운 상태로 서랍장 위에 다시 올려둘 때의 기쁨. 쓰다 만 상태로 둬서 굳어버린 엄마의 오래된 화장품 샘플과 다 쓴 용기들을 모조리 버리고, 남은 샘플은 종류별로 정리해서 서랍에 넣은 후 화장대 위를 깨끗하게 비웠을 때의 희열. 그렇게 하나하나 정리하고 나서 물건들이 제자리에 있는 것을 바라보는 것만으로도 기분이 좋아졌습니다.
거기에 엄마가 음악이라도 틀어두면 그 순간만은 드라마에 나오는 주인공이 된 것만 같았어요. 비록 반나절 정도 유지되면 오래 간 거였지만, 덕분에 저는 마음속에 분명하게 새겨 넣을 수 있었어요. 청소라는 행위가 주는 즐거움을요.
그렇지만 청소를 아무리 해도 버릴 수 없었던 그 많은 기념품과 수건, 그리고 서로 어울리지 않는 가구는 끝내 저를 알 수 없는 무력감으로 이끌곤 했음을 뒤늦게 깨달았습니다.

취향이 없는 집.

그 집의 문제는 다름 아닌 취향이 없다는 것이었습니다. 우리 가족의 특성이 드러나지 않는 그 공간이 알 수 없는 무력감의 이유였던 거죠. 지금의 나였다면 어떻게 했을까, 청소 외에 우리 가족에게 더 좋은 공간이 되기 위해 해야 했던 일은 과연 무엇이었을까 생각해봤습니다.
제대로 된 정리정돈이 필요했습니다. 취향을 찾아줄 '진짜 정리정돈'요. 그렇다면 진짜 정리정돈이란 무엇일까요?

언제나 가장 먼저 해야 할 일은 '비움'.
공간을 구성하며 집중해야 하는 것은 물건보다는 전체의 분위기다.
물건은 채워 넣는 것이 아니라 끝없이 솎아내는 대상이자
치열한 검열의 결론이어야 한다.
비운다는 것이 얼마나 큰 용기를 필요로 하는 일인지
공간에 대해 오래 고민해본 사람들은 알고 있을 것이다.

## 정리란 무얼 남길지 고르는 일

간단하게 말하자면 제가 생각하는 정리정돈이란 '물건을 정리하고 사랑하는 것들을 남기는 작업'이자 '물건의 제자리를 정해주는 작업'입니다. 정리와 정돈 작업으로 나누어 생각해볼게요.

'관계를 정리한다'라는 말을 떠올려봅니다. 네, 그 정리가 이 정리이더라고요. 살다 보니 마음을 괴롭게 하는 관계는 정리하고 나에게 중요한 사람들, 사랑하는 사람들에게 더 마음을 쏟는 일이 중요하다는 걸 느꼈습니다. 물건도 마찬가지예요. 방을 둘러보고 물건들을 살펴보세요. 어, 저게 왜 여기 있지 싶은 것들이 있을 거예요. 대충 보면 그냥 지나치지만 자세히 보면 알 수 있어요.

저건 이사 왔을 때 급하게 마트에서 산 건데 볼 때마다 마음에 안 드네.' '이 이불 커버는 엄마가 준 건데 딱히 나쁘진 않지만 내 스타일은 아니란 말이야.' 큰 문제는 없지만 묘하게 거슬리는, 혹은 뭘 어떻게 해야 할지는 모르겠지만 찬찬히 뜯어보니 마음에 안 드는 물건들에 둘러싸여 있나요?

그렇다면 우선 물건들을 모두 꺼냅니다. 쉬운 것부터 시작해보세요. 흔히 정리 전문가들은 옷부터 시작하라고 하더라고요. 가장 정리하기 쉬운 카테고리에 속한다고요. 저도 사람들에게 옷부터 시작하라는 이야기를 많이 했었습니다. 옷은 마음을 굳게 먹고 확실히 정리할 수 있고, 한 번에 많은 양을 솎아낼 수 있어서 정리에 엄청난 가속도가 붙은 기분이 들게 해줘요. 자신 있고 의욕이 넘친다면 옷부터 모두 꺼내 정리하는 것을 추천합니다.
그런데 문제는, 어떤 사람은 옷이 너무 많다는 겁니다. 저도 그랬어요. 모두 꺼내야 정리가 시작되는데 옷을 모두 꺼내는 일을 가장 먼저 해야 하다니, 도저히 엄두가 나지 않더라고요. 대대적인 정리정돈을 다짐했던 몇 년 전, 저는 옷을 다 꺼내는 일을 결국 시도하지 못했고 이사를 하고서야 겨우 옷을 솎아내어 버릴 수 있었습니다.

저처럼 옷이 너무 많아서 막막한 분들께는 '잡동사니 정리'를 먼저 추천해요. 한 카테고리에 너무 많은 개체 수(?)가 존재하지 않는 것들요. 이를테면 수건 같은 것이 좋습니다. 낡고 궁서체로 글자가 새겨진 수건들을 과감히 정리하고 마음에 드는 수건으로 바꿔줍니다. 혼자 사는 사람이라면 페이스 타월 두 장, 바디 타월 두 장만 남기는 것으로 시작하면 좋습니다. 남길 만한 수건이 없다면 새것을 장만하는 것도 추천합니다. 호텔에서 사용하는 것처럼 새하얗고 톡톡한 수건을 우리 집 화장실에 곱게 걸어둔 모습을 상상해보세요. 여행에서 호텔 방에 처음 들어갔을 때의 그 쾌적함이 떠오를 거예요. 조금 설레지 않나요? 누구나 매일 그렇게 설레는 욕실에 들어설 수 있어요. (수건과 이불을 처분한다면 버리지 말고 유기견 보호소에 보내주세요. 겨울을 나는 데에 큰 도움이 된다고 해요.)

제가 구입한 TWB라는 브랜드의 수건은 그 당시 한 장에 6,500원이었습니다. 도톰한 원단에 남색 줄무늬가 세 줄 있는 하얀 수건. 이 수건을 두 장 사서 걸어두니 화장실이 환해진 듯했어요. 남색 줄무늬가 세련돼 보이기도 하고요. 손 닦을 때 느껴지는 그 도톰함도 마음에 쏙 들었어요. 그러다 보니 막 사용하기가 아까운 거예요. 반지에 걸려 올이 풀리거나 세탁 후에 뻣뻣해지는 게 싫더라고요. 아끼며 사용하고 세탁하게 됐습니다. 처음으로 수건 세탁하는 법을 자세히 찾아봤어요. 전에는 별 관심 없던 수건이라는 물건에 애정을 갖게 된 거죠. 이전에도 여러 가지 수건을 사서 써봤습니다만 이렇게 딱 마음에 드는 물건이 없었거든요. 독립할 때 집에서 들고 온 뻣뻣한 곰돌이 수건을 용기 내어 정리한 후 3년여 만에 발견한, 마음에 드는 수건이었던 거죠.
세탁한 수건은 침실에 들어서면 바로 보이는 서랍장 위 선반에, 하얀 바디 타월과 함께 줄무늬가 보이도록 접어서 올려뒀었죠. 방에 들어설 때마다 또 한 번 기분이 좋아졌습니다. 지금은 수건에 먼지가 앉지 않도록 서랍에 넣어 보관하고 있어요.

내가 쓰기 좋은, 괜찮은 품질의 물건을 직접 골라서 사용하는 일에는 생각보다 커다란 힘이 존재합니다. 매일 바라보고 사용하는 물건은 매일 만나는 사람들만큼이나 중요하기 때문에 신중하게 선택해야 합니다. 그래서 저는 답례품으로 수건이나 머그컵 주는 것을 좋아하지 않아요. 물론 좋은 제품을 나누고 싶은 마음으로 주는 경우도 있겠지만 대부분은 별생각 없이 '생필품이니까 다들 좋아하겠지' 하고 나눠주더라고요. 누군가가 집에서 매일 봐야 할 물건인데 말이죠.

정리하는 것의 포인트는 '내가 좋아하는 물건들을 남기는 것'입니다. 아무 느낌도 없거나 부정적인 감정이 드는 물건들을 삶에서 떠나보내는 일입니다. 오래전부터 집에 있었다는 이유만으로 가지고 있던 많은 것을 비판적인 시각으로 바라보세요.

서울에 집을 구하고 몇 년 후, 엄마가 준 옛날 스타일의 차렵이불을 정리하고 이케아 이불솜과 무늬 없는 하얀 이불 커버만 남겼던 날, 처음에는 묘한 죄책감이 들었습니다. 엄마가 준 그 이불, 그래도 싸구려는 아니었는데 하며 아까운 마음도 들고 말이죠. 그러다가 다음 날 퇴근하고 집에 들어서는데 새하얀 침구에 잘 정돈된 방을 보니 저도 모르게 입가에 미소가 번졌습니다. 손바닥만 한 원룸이 그 날은 어찌나 넓고 쾌적해 보이던지요.

수건을 정리하고, 이불을 정리하고, 옷을 정리하고, 그릇을 정리하고, 책을 정리합니다. 정해진 기준은 없어요. 쉬운 것부터 하면 됩니다. 자신에게 진입장벽이 낮은 것으로요. 진짜 잘해주고 싶은 것들, 소중한 것들을 남긴다는 기분으로요. 미니멀리스트인지 맥시멀리스트인지도 아무 상관없어요. 없을수록 행복하다는 사람들도 있지만 저는 꼭 그렇지는 않다고 생각해요. 내가 좋아하는 것만 남기는 게 중요하지요. 좋아하는 물건들에 둘러싸여 그 물건들을 소중하게 다루고 내가 원했던 모습으로 살게 되는 거요.

처음에는 버려야 할지 말아야 할지 망설여지는 물건이 많을 거예요. 만에 하나 나중에 후회하면 어쩌지 싶고요. 그렇지만 정리를 하다 보면 깨닫게 됩니다. 생각보다 많은 물건이 나에게 있는지 없는

지도 모르는 상태로 자리만 차지하고 있었다는 사실을요. 망설여지는 물건들은 일단 정리하세요. 특히 그 물건이 공산품일 경우에는 가차 없이 정리해도 됩니다. 요즘은 '당근마켓' 등 중고거래 플랫폼을 이용해 나눔도 쉽게 할 수 있어서 좋더라고요. 추억이 담긴 물건, 하나밖에 없는 것들은 조금 이야기가 다르지만요.

서점에서 책을 샀다.

집에 와 종이봉투를 열어보니 사은품인지 원고지가 한 팩 들어 있다.

묻지도 않고 함께 넣어줬나 보다.

어릴 적에는 새 물건이 (공짜로) 늘어나면 무조건 기뻤다.

하지만 오늘 밤은 내가 과연 이걸 쓸까, 하는 생각이 먼저 든다.

집 정리를 좋아하던 어린애가 자라서

쓰임이 불분명한 물건을 집에 쌓아두는 일이 마음에 걸리는 어른이 됐다.

지금의 나에게는 '좋아하는 물건만 두기에도 부족한 나의 공간'이라는 말이

'사랑만 하고 살기에도 부족한 인생'이라는 말과 닮게 쓰인다.

## 돌아갈 곳을 정해주는 정돈

물건을 남기는 작업이 끝났다면 그다음은 '정돈'입니다. 출근 시간은 늦었는데 오늘 꼭 착용하고픈 액세서리를 찾다가 시간을 다 보내거나 꼭 가져가야 할 물건이 도무지 보이지 않아 애를 태운 적이 있다면 이 부분을 눈여겨 읽어주세요. 저도 스스로 어렵다고 생각하는 부분이기도 합니다. 바로 물건들에 제자리를 정해주는 일, '정돈'입니다.

사방 5센티미터의 지우개 하나도 돌아갈 장소가 필요합니다. 말로 하면 간단한데 실제로 해보면 쉽지만은 않죠. 눈에 보이는 것들을 깨끗하게 치우는 건 어떻게 해보겠는데, 물건에 제대로 자리를 정해줘서 더 이상 집이 어지럽혀지지 않는 상태로 만든다는 건 많은 노력과 정성이 필요한 일입니다.

저희 집은 겉보기에 잘 정돈되어 있고 대부분의 물건에 제자리가 있지만, 서랍 속, 수납장 속은 아직도 쉽게 뒤죽박죽되곤 해요. 속옷 정리함도 마찬가지고요. 왜 그럴까요? 수납장은 문만 닫으면 깨끗해 보이니까 이것저것 두서없이 집어넣게 되어 제자리가 있어도 쉽게 엉키기 때문이랍니다.

일단 보이는 곳에 물건의 장소를 정하는 일부터 해보세요. 어떤 물건을 어디에 둘지는 각자 취향대로 하면 됩니다. 고정관념에 빠지지 않고 자신만의 참신한 장소를 정해보세요. 집이라는 공간에 국한되어 생각하지 말고 카페나 상업공간 등에서 물건을 두고 사용하는 방법을 눈여겨봤다가 집에 적용해보는 것도 좋은 방법입니다.

저는 택배나 봉투를 뜯는 가위를 'HAY'라는 브랜드에서 나온 금색 가위로 정하고, 잘 보이는 거실 테이블에 두었습니다. 언제든 필요할 때 사용하고 제자리인 테이블 위에 잘 두기만 하면 되니까 그렇게 편할 수가 없어요. 가위 자체가 예뻐서 눈에 거슬리지 않습니다. 이 아이디어는 한남동에 있는 한 소품 가게에서 얻은 거예요. 예쁜 필기구와 가위, 테이프 등을 테이블에 올려두고 물건을 포장하거나 봉투에 넣거나 하는데, 그 모습 자체가 참 멋져 보이더라고요. 수납이 꼭 보이지 않는 곳에 넣는 것만을 의미하지는 않아요. '보이는 수납'도 가능하답니다. 이렇게 생각을 바꾸어 물건의 자리를 정하는 일을 연습하다 보면 이 일이 즐겁게 느껴지는 때가 올 거예요.

사용 빈도가 높지 않은 물건이나 청소용품, 생활용품, 옷 등은 대부분 보이지 않는 곳에 수납하게 되는데요, 이때 염두에 둘 것은 수납장을 100퍼센트 꽉 채우지 않는다는 거예요. 물건은 자기 자리가 없어지면 어떻게든 밖으로 나오게 돼 있어요. 100퍼센트, 120퍼센트씩 물건을 채워두면 아무리 정리해도 며칠 만에 다시 엉망인 상태가 되고 맙니다. 내 공간을 고려해서 물건을 정리해야 해요. 꼭 기억하세요. 사랑하고 아끼는, 좋아하는 물건만을 남겨야 한다는 사실을요.

## 지금 여기서 시작합니다

버리고 남기는 작업을 끝냈다면 주위를 둘러보세요. 곁에 남은 그 물건들이 바로 당신을 나타내는 것들입니다. 지금껏 쌓아온 취향이 정리정돈 후 내 집의 모습인 거죠.

아직 부족한 것 같다고요? 걱정 마세요. 이제 한결 견고하고 발전된 모습으로 우리 집을 업그레이드할 수 있습니다. 취향은 발견하는 거예요. 관찰하고 발견해줘야만 하는 것이죠. 마음속 어딘가에서, 집 안의 온갖 잡동사니에 뒤섞여서 발견되기를 기다리고 있었던 거랍니다.

저에겐 강제로 물건을 대폭 줄이게 되었던 경험이 있습니다. 줄였다기보다는 '최소한의 물건만으로 생활하게 된 기회'라고 하는 것이 맞겠네요. 2004년에 혼자 시드니로 유학을 갔습니다. 이민 가방 하나에 몇 계절을 지낼 짐을 싸면서 이만큼의 물건으로 지낼 수 있을까 하고 내내 걱정했어요. 그런데 비행기를 타고 날아가 조그만 방 한 칸에 짐을 풀며 처음 든 생각은 '아, 뭐가 이렇게 많지'였습니다.

옷장 하나 없는 방에서 두 달간 지내고 집을 옮기게 되었습니다. 시드니 동쪽 외곽에 있는 적당히 오래되고 적당히 낡은 집. 작은 마당이 있고 현관에는 예쁜 모양의 덧문이 달려 있던 집이었습니다. 붙박이장에 짐을 정리해 넣고, 책상에 늘 쓰던 노트와 컴퓨터를 올려두고, 이국적인 꽃무늬 침구가 입혀진 침대에 누웠는데 커다란 만족감이 밀려왔습니다. 시드니에 도착한 이후로, 아니 어쩌면 오래전 우리 가족만의 그 집 이후로 처음 느낀 기분이었습니다. 자발적으로, 스스로 그런 환경을 만들어냈다는 생각에 어른이 된 것 같았습니다.

여기서부터 시작이구나.
문득 그런 생각이 들었어요. 여기서부터, 시작. 그 전에는 시작되지도 않았고 보이지도 않았던 나의 공간과 집에 대한 인식. 전에는 몰랐던 저의 취향이 그 방에 놓인 짐들로 인해 한눈에 들어왔습니다. 목이 가로로 길게 파인 티셔츠, 가는 어깨끈이 달린 무릎 위 길이의 원피스, 채도가 낮은 컬러, 장식이 많지 않고 디테일이 예쁜 문구들, 마당이 있는 집, 시내와는 좀 떨어져 있어 한국인이 별로 살지 않던 시골 같은 동네. 떠올려보면 그런 모든 선택이 온전히 저의 것이었어요. 그 후로 나 자신에 대한 여행을 시작하듯 내가 살게 될 '집'에 대해 고민하기 시작했고, 앞으로는 숟가락 하나부터 집의 형태까지 모든 것을 스스로 결정하며 살고 싶다고, 나에게 가장 어울리는 공간에 살아야겠다고 생각했어요.

여러분의 공간도 이제부터 시작입니다. 지금 그곳에서요.

손이 닿아야 예쁘지.
공간이라는 건 아마도 살아 있는 것.
사랑할수록 예뻐진다.

# 고요의 집 시즌2 자양동

my *Place*, my *Favorite*.

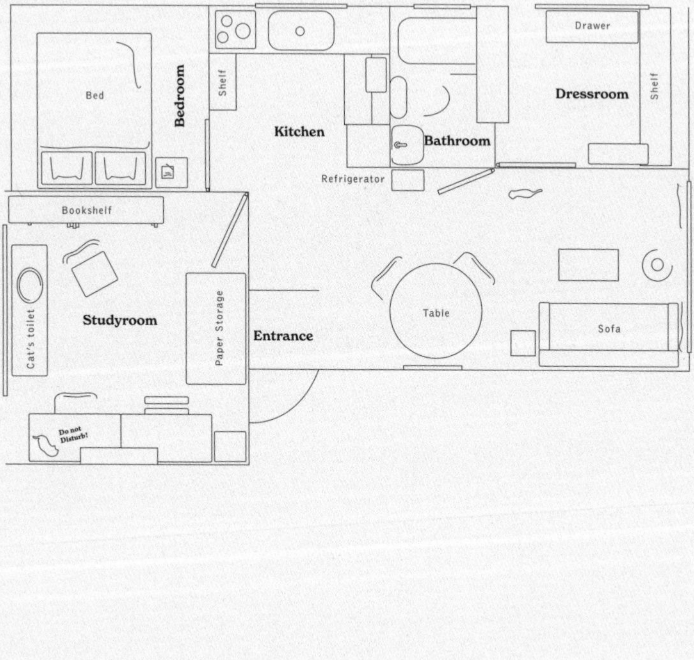

2017년 여름부터 2018년 초겨울까지 산 집.
광진구 자양동에 있는 카페 공간을 작업하며
근처를 산책하다가 발견했다.

17년 된 상가건물 2층. 1층에는 복권방과 동네 피자집이 있다.
한 가족이 17년간 거주하며 한 번도 수리하지 않고 지냈다고 한다.

실평수 18평. 큰 방이 하나 있고,
두 개를 합해도 보통의 방 크기가 될 듯 말 듯한 작은 방이 두 개, 거실과 주방, 화장실.

보증금 1억 2천만 원, 월세 30만 원.

기하학적인 모양의 오래된 방범창이 인상적이었다.
해가 적당히 들고, 한강 공원 근처에 위치한 점도 마음에 들었다.

바닥에 강화마루를 깔고, 도배를 했다. 세면대도 없던 작은 화장실은
전체적으로 수리했고, 주방 싱크대는 가장 저렴한 재질로 주문제작하고
상판은 따로 삼나무 상판을 재단해서 올렸다.

큰 방은 서재 겸 작업공간으로,
작은 방 하나는 침대만 둔 침실로 나머지 하나는 드레스룸으로 만들었다.

이번 집은 편히 쉴 수 있는 공간이었으면 했다.
그래서 바닥도 보통의 가정집처럼 마루를 깔았고,
고양이들이 망가뜨릴까 봐 사지 못했던 패브릭 소파를 들였다.
나를 위해 건강한 음식을 해 먹자 다짐하고 주방에도 신경을 썼다.

거실에서 본 서재와 침실. 아직 페인팅하지 못한 방문에는 빈티지 커튼을 걸어두었다.

거실의 패브릭 소파. 이번 집은 쉴 수 있는 공간으로 가꾸고 싶었다.

침대 하나만 두고 쓰는 침실.

자고 일어나서 좋은 생각이 떠오르면 적어두려고 침대 옆에는 늘 메모지를 둔다.

큰 방은 서재 겸 작업공간으로 만들었다.

전보다 싱크대가 조금 길어진 것뿐인데 아침을 준비하는 일이 더 즐거워졌다.

좋아하는 물건들로 곳곳을 채운 집.

이곳은 나의 고양이 튀케와 타마냐가 함께 사는 집.

# Part 2.

# 고요의 집으로 초대합니다

# #4 인테리어 계획하기

오래된 집에 살았다.
선택이라기보다 어쩔 수 없음에 더 가까웠지만.
서울에 사는 내내 작고 오래된 집에서 살았다.

초라하다고 생각하지는 않았다. 나는 오래된 것들을 좋아하니까.
이사할 집을 보러 다닐 때면 내가 살게 될 곳에 더 낡은 스위치 커버가,
더 옛날 문짝이 달려 있기를 바랐다.

오래된 창틀, 80년대 스타일의 팬던트등 같은 것이
그 집을 고르게 된 이유일 때도 있었다.

'예쁜' 집에 살고 싶다는 생각을 하지는 않았다.

내 집은
나의 눈과 마음에 위화감이 없고
나의 생활방식과 나의 사고방식에 어울리는 곳이어야 한다고 믿었다.
화려할 것까진 없어도 아침에 눈뜰 때마다
내 인생의 주인공이 '나'라는 사실을 인지시켜주는 그런 집.
그것은 아무도 나를 모르는 도시에서 얻는 나만의 안정이고 안심이었다.

오래되어 낡은 집에 살았다.
조금 세게 걸어 다니면 창문의 흔들거림이 느껴지는 집,
침대에 누워 있으면 나무 창틀 사이로 차가운 바람이 스미는 집,
기어이 이불을 콧등까지 덮게 만드는 집,
추운 겨울에는 화장실에 난로를 틀어야 하는 집.

낡아서, 내가 발견해주어야 했던 집.

## "고요 님 집은 어떻게 고쳤나요"

아마도 가장 많이 받아본 질문인 것 같아요. 사회 초년생들에게 가장 관심을 많이 받았던 이태원 '고요의 집' 이야기를 해볼게요.

2014년, 새로운 집을 찾으며 가장 염두에 두었던 것은 '큰' 공간(원룸 혹은 투룸 기준), 그리고 '빛'이 들어오는 공간이었어요. 고양이 둘을 데리고 북향 원룸에 살면서 나 때문에 고양이들이 불편한 건 아닌지 늘 미안했습니다. 부동산과 인터넷을 샅샅이 뒤져가며 집을 찾은 지 두 달째, 퇴근 후에 보러 간 이태원 집의 위치와 구조가 너무나 마음에 들어서 다음 날 바로 계약했어요.

실평수 15평. 방 두 개, 주방과 거실, 화장실.
보증금 1,000만 원, 월세 70만 원.

월세가 높은 대신 공간이 넓어지니 공간을 활용해 무엇이라도 할 생각이었습니다. 셰어메이트를 받거나 방 하나를 누군가에게 작업 공간으로 빌려줄 계획이었죠. 에어비앤비도 생각했고요. 적은 예산이지만 조금 더 창조적인 방법으로, 더 나은 공간에 살아야겠다는 생각에 사로잡혀 있었던 것 같아요.

그러고 나서는 집 꾸밀 예산을 생각했어요. 여윳돈이 별로 없어서 보증금을 700만 원으로 줄여달라고 해보았습니다. 다행히도 월세가 꼬박꼬박 들어오는 것이 더 중요했던 집주인 내외분이 허락해주셨고 저는 보증금 차액 300만 원으로 집을 수리하기로 결심했습니다. 집주인에게 집을 조금 손봐서 살겠다는 계획을 말씀드렸어요. 워낙 낡은 집이었고 오랫동안 월셋집이었기에 수리가 필요한 곳이 한두 군데가 아니었어요. '예쁘게, 깨끗하게 한다면 괜찮다'는 조건으로 허락을 받았습니다. 300만 원이면 어떻게든 할 수 있을 것 같았죠.

사실 처음엔 천장을 바꿔볼까 고민했어요(28쪽 사진 참고). 당시에는 컬러와 패턴이 절제된 집을 그리고 있었던 까닭에 천장을 심플하게 만들어야 내가 꿈꾸는 멋진 집이 탄생할 것 같았거든요. 나무를 덧댈까, 페인팅을 할까. 몇 날 며칠을 고민하며 저울질하다가 어느 날 그런 생각이 들었어요.

지금 내가 가진 돈과 언제 이사를 나가게 될지 모르는 상황을 두고 보았을 때 내가 원하는 컨셉에 맞는 공간이 중요할까, 아니면 이 집의 좋은 부분은 살리고 안 좋은 부분만 보완하는 것이 좋을까. 사람마다 고유한 매력과 각자의 멋짐이 있듯이 집도 지닌 잠재력이 모두 다른 것은 아닐까. 그걸 내가 알아봐주고 나라는 사람과 잘 어울리도록 만들어야 하는 것 아닐까.

처음 이 집을 봤을 때 마음을 끌었던 것들을 떠올려봤어요. 올록볼록한 문양의 나무 천장과 오래된 스위치 커버, 반듯한 벽과 오래된 나무 창틀, 주방에 달린 레트로한 조명과 욕조가 있는 넓은 욕실, 햇살이 환하게 들어오는 작은 방, 싱크대에 서면 밖을 내다볼 수 있는 조그만 창문. 이런 것들이 돋보일 수 있는 집으로 만들어야겠다고 생각했죠.

반대로 이 집에서 마이너스인 부분들은 싸구려 장판이 깔린 바닥, 화장실과 주방의 낡고 깨진 타일들, 적은 수납공간, 그리고 오랫동안 돌보지 않아 낡았다는 거였어요. 이 부분들만 손보면 근사한 집이 될 수도 있겠다 싶었습니다.

도배는 집주인이 해주신다기에 흰색으로 해달라는 부탁만 드렸는데 미세하게 펄이 들어가 있는 벽지를 바르셨더라고요. 눈에 잘 띄지 않아서 그대로 사용하기로 했습니다. 모든 디테일이 구미에 맞을 수는 없으니까요.

집중할 부분 중에 가장 신경 쓴 것은 바닥이었습니다. 언젠가 꼭 해보고 싶었던 검은 바닥. 마룻바닥이었다면 위에 페인팅을 하면 되니 모든 것이 간단했겠지만, 월셋집에 원목 마루가 깔려 있을 리 없죠. 평범한 장판이 깔려 있었습니다. 장판 위에 색을 칠해도 될까 고민하다가 전문가에게 물어보기로 마음먹고 페인트 회사에 이메일을 보냈습니다. 바닥을 검게 페인팅하고 싶다, 그런데 장판에 페인팅했다는 말을 어디서도 못 들어봤는데 괜찮은 거냐고요. 대답은 '안 된다'였어요. 장판에 칠을 했다가는 100퍼센트 쉽게 벗겨질 거라고 했죠.

혹시나 하는 마음에 수입 페인트를 취급하는 회사(던 에드워드)에도 이메일을 보내봤습니다. 장판 위는 안 되지만 장판을 걷고 칠하는 건 가능하다고 하더라고요. 그러면서 바닥용 수성 에폭시 제품들을 소개해주었어요. 다만 온돌을 사용하는 바닥이라면 분명 페인트가 갈라져 크랙(갈라짐)이 생길 거라며 추천하지 않는다는 코멘트도 함께 해주었습니다.

조금 금이 가는 게 대수냐 싶어 바닥용 페인트를 칠하기로 결심했습니다. 바닥에 난방을 하면 인체에 해로운 성분이 올라오지 않을까 걱정하는 분도 많았는데, 그때가 7월이라 난방을 하려면 아직 몇 개월의 여유가 있었거든요. 시간이 그 정도 지나면 괜찮지 않을까 생각했습니다. 새로 생기는 빌라 중에 아예 바닥을 에폭시로 마감하고 난방을 하는 경우도 보았으니까요.

천장은 그대로 두고, 바닥을 페인팅하고, 주방의 싱크대는 최대한 저렴한 재료로 새로 만들기로 했습니다. 타일이 붙어 있는 벽 부분은 모두 타일용 페인트로 칠했고, 화장실 바닥은 셀프로 덧방(시공된 타일 위에 또 한 번 타일을 붙이는 것)하기로 했어요. 공사의 전체적인 뼈대가 보였죠.

정리해보자면,

**그대로 둘 것**

천장

벽

얇은 나무 몰딩

주방의 조명

**바꿀 것**

바닥 장판 걷어내고 페인팅하기

주방 싱크대 제작

타일(화장실 벽, 주방 일부) 페인팅

현관과 화장실 바닥 타일 덧방

이렇게 그대로 둘 것과 바꿀 것을 결정했어요. 이 작업이 바로 공사 계획이 됩니다. 오래된 집의 경우, 특히 이런 계획을 잘 짜야 집의 특색을 살리면서 자기 취향도 가미된 공간을 만들 수 있어요.

모두가 다른 모습의 집에 살 수는 없나.
'신축 투룸 전세'를 알아보다가 그런 생각을 했다.

## 나의 라이프스타일을 담는다는 것

인테리어를 계획할 때, 꼭 생각해봐야 할 것이 있어요. 그 공간에서 생활하는 나의 하루는 어떤 모습인가 하는 거예요. 저는 공간을 의뢰받으면 클라이언트에게 질문을 많이 던집니다. 특히 그 공간에서 어떻게 생활하는지를 자세히 묻습니다.

"여기서는 주로 뭘 하세요, 어떤 자세로? 집에 있을 때 주로 뭘 하나요? 집에서 요리하세요? 음식은 주로 어떤 걸 해 드세요? 앉아 있을 땐 어디에 어떻게 앉아 있나요? 누워 있는 걸 더 좋아하나요?"

이렇게 물으면 대부분은 멍한 얼굴로 생각에 잠깁니다. 평소에 깊이 생각해볼 기회가 없었던 탓일 거예요.

배우 송재림 씨의 집을 스타일링 했을 때를 예를 들어 설명해볼게요. 재림 씨는 집이 휴식의 공간이기를 바란다고 했습니다. 거실에서는 TV를 보거나, 소파에 누워 쉴 수 있으면 좋겠다고 했고요. 배우인데도 옷은 적은 편이었고, 책은 많았어요. 함께 살 가족은 고양이 두 마리, 그리고 취미는 색소폰 연주라고 했죠.

집에서 어떻게 생활하는지, 무엇을 좋아하는지, 평소 어떤 생각을 하는지 되도록 자세히 이야기를 나눈 후 작업에 들어갔습니다. 집을 휴식의 공간으로 만드는 점에 특히 신경을 많이 썼어요. 침실은 조도를 낮게 하고, 침대 옆에는 심신 안정에 도움을 주는 디퓨저와 유칼립투스를 놓았습니다. 거실에는 누울 수 있을 정도로 큰 소파를 두었고요. 벽에는 고양이들을 위한 캣워크도 만들어 달았어요. 옷방은 간결하게 하고, 서재에는 한쪽 벽을 꽉 채울 정도로 큰 책장과 책상을 놓았어요. 좋아하는 색소폰은 거실에서 가장 잘 보이는 벽에 걸어두었습니다. 식물은 잘 못 키운다고 해서 조화나 드라이플라워로 분위기만 잡아주었습니다.

어떻게 꾸밀지보다 먼저 이 공간에서 내가 어떻게 생활하는 지(또는 생활하고 싶은지)를 고민해야 합니다. 나 자신에게 물어보는 거예요. 집에서 어떤 생각을 하며 어떻게 생활하는지, 주로 무얼 하는지, 편안한 공간이었으면 좋겠는지, 작업하기에 최적화되기를 바라는지, 요리하는 걸 원하는지, 어떤 취미가 있는지 등등 나의 하루를 생각해보고 그걸 집에 반영하는 거예요. 집에는 그곳에 사는 사람의 생활과 취미, 그리고 가치관이 담겨 있어야 하니까요.

저는 처음으로 거실이 있는 집으로 이사할 때 TV가 없는 거실을 만들겠다고 마음먹었어요. (제가 TV를 보지 않는 사람이어서가 아니라 TV에 휘둘리지 않는 생활을 원했기 때문이었어요.) 상업공간 같은 거실을 만들고도 싶었어요. 손님이 와도 자연스럽고, 혼자 있으면 카페에 앉아 있는 것 같아서 일도 잘되고 책도 잘 읽히고 음식도 더 맛있는, 그런 공간요. 그래서 거실에 커다란 테이블과 의자를 두었습니다. 반면 간단한 음식만 해 먹는 주방은 조리도구를 최소화했어요. 싱크볼도 작은 사이즈로, 가스레인지는 화구가 두 개인 것을 빌

트인으로 설치했어요.

그러다가 그다음 집으로 이사할 무렵엔 생각이 좀 바뀌었습니다. 상업공간 같은 집에 살다 보니 항상 무언가를 해야 할 것만 같아서 바깥에서도, 집에서도 일하는 기분이 들었어요. 그래서 이사갈 집에는 편히 멍하니 있을 수 있는 거실을 만들기로 했어요. 바닥엔 강화마루를 깔고 소파를 두었습니다. 창문을 열고 소파에 앉아 있는 시간을 좋아하게 됐어요. 이제는 건강한 식생활을 해야겠다 결심하고는 주방에도 변화를 주었습니다. 가스레인지는 3구짜리로 두고, 동선을 고려해 주방용품들을 배치하고, 서랍이 많은 싱크대와 커다란 사이즈의 싱크볼도 설치했습니다.

이렇게 라이프스타일은 사람마다, 그리고 시간이나 가치관의 변화에 따라 달라질 수 있어요. 나의 하루를, 일상을 떠올려보세요. 그리고 그것을 집에 담아보는 거예요. 이 또한 나 자신에 대한 관심의 시작이겠지요.

집이 휴식의 공간이기를 바랐던 배우 송재림 씨의 집 거실. 편히 쉴 수 있는 널찍한 소파를 두고, 고양이들을 위한 캣워크를 설치했어요. 왼쪽 벽에는 색소폰을 걸어두었습니다.

## 무드보드로 디테일 찾기

내 공간에서 그대로 둘 것과 바꿀 것을 고민하고, 나의 라이프스타일을 충분히 생각해봤다면 이제는 아이디어를 구체화할 차례입니다. 거실은 어떤 느낌으로 만들지, 가지고 있는 가구 중 어떤 것을 활용하고 처분할지, 새것을 산다면 어떤 디자인을 고를지… 하나하나 구체적인 생각이 있어야 바로 실행에 들어갈 수 있을 테니까요.

이 단계에서도 앞에서 언급한 무드보드가 위력을 발휘합니다(79쪽 참고). 1부에서는 나의 취향을 찾고 모으는 데 무드보드를 활용했다면, 이번에는 실제로 우리 집에 적용하고 싶은 아이디어를 찾는 데 활용해봅니다. 벽지, 가구, 조명, 소품은 물론이고 전체적인 느낌이나 컬러 등을 구체적으로 찾아보는 거예요.

이때는 '될 것 같은 디테일 찾기'가 포인트예요. 우리 집 구조와 비슷한 공간이거나, 내가 가진 가구나 물건과 비슷하다거나, 내가 쉽게 구할 수 있는 물건이 있다거나 등등 시도할 수 있는 것들이어야 합니다. 비슷하게 만들 수 있을 법한 것들을 찾아내는 거죠.

저는 막연히 멋진 인테리어를 모아두던 핀터레스트의 '인테리어'

폴더에서 실제로 시도할 수 있을 것 같은 조금은 만만한 이미지들을 골라 '나의 작은 집'이라는 폴더에 따로 모으기 시작했습니다. 그러다 보니 지금은 어느 순간 폴더에 훨씬 더 많은 이미지가 쌓이고 있더군요. (하지만 거창하고 돈이 많이 들 것 같은 인테리어 이미지도 쉬지 않고 모으고 있어요. 언젠가 나도 저런 인테리어를 하게 될지도 모른다는 상상을 하면서요.)

저에게 취향을 구현하는 일이란, 내가 모아둔(내가 동경하는) 이미지 중에 우리 집과 비슷한 것들을 찾아내는 과정과도 같았습니다. 따라 하고 싶고 우리 집의 구조와 닮은 것들을 말이죠. 예를 들어가며 설명해볼게요.

이 이미지를 보며 이태원 집 주방의 정사각형 타일을 떠올렸어요. 흰 타일에 일렬로 배치된 싱크대, 그리고 흰색 오픈형 상부장. 제가 원하던 간결하고 멋진 주방이었습니다. 특히 상부장이 멋지다고 생각했어요. 한참을 바라보니 저 오픈형 상부장을 흉내낼 수 있는 물건이 떠올랐습니다.

저렴하고 흔하지만 싱크대 상부장으로 사용하지 않는 그것, 동네 가구점에서도 쉽게 구할 수 있는, 흔히 '공간박스'라고 불리는 수납장이었습니다. 마침 4단짜리 수납장 두 개가 상부장 자리에 꼭 맞았어요.

요리할 때 유용한 보조등(검은색 등)도 참고사진과 비슷한 모양으로 찾아 달았어요. 을지로에서 구매한 저렴하고 베이직한 디자인의 벽등은 원래 흰색이었는데 검은색 스프레이를 뿌려서 리폼했습니다. 제법 비슷한 느낌이 나지 않나요.

이 사진 속 공간의 모든 것이 좋았지만 원목 헤링본 바닥이며 완벽하게 마감된 벽을 따라 할 수는 없었어요. 대신 무채색 톤과 조명을 제 방에 적용해보기로 했죠. 그런데 저 조명, 어디서 본 것 같은데…?

비슷한 조명을 어디에서 봤는지 곰곰이 생각했습니다. 어느 날 퇴근길, 동네 삽겹살집 간판에서 발견한 둥근 조명. 그거구나 싶었어요. (음식점 간판 위쪽에 설치된 경우가 많아요. 원형 간판등, PC글로브 등으로 불립니다.) 인터넷에서 1만 원대에 구입한 후, 조명을 감싼 플라스틱 부분에 검은색 무광 스프레이를 뿌려 리폼했어요.

앞에서도 말씀드렸듯이 무드보드는 잘 보이는 곳에 붙여두어야 합니다. 보이는 곳에 두지 않으면 자꾸 잊어버려요. 막막해지죠. 텅 빈 선반이나 장식장에 어떤 물건을 올려둬야 할지 모를 때, 빈 벽이 허전해 보여서 신경 쓰일 때, 그럴 때 사진들을 보면서 아이디어를 얻는 거예요. 아, 여기에 이 액자와 화병을 함께 놓으면 멋지겠구나, 여기에는 이런 오브제를 두면 어울리겠구나, 이런 분위기의 공간이 되려면 넓적한 이파리 식물이 좋겠다, 하는 식으로요. (종이에 프린트해서 붙여두기 어려우면 컴퓨터나 휴대폰 바탕화면으로 설정해두는 것도 좋습니다.)

남의 집을 그대로 따라 하는 건 좀 그렇지 않나, 하는 생각이 들 수도 있어요. 그러나 좋다고 생각하는 부분의 일부를 따라 한다고 해서 그 사진과 100퍼센트 똑같이 나오는 경우는 거의 없어요. (저희 집 사진을 보면 쉽게 알 수 있습니다.) 오히려 훨씬 더 '나다운' 공간이 완성되죠. 내가 가지고 있는 물건들과 디테일이 어우러지기 때문입니다.

## 메인 컬러 정하기

집이 조화로워 보이려면 전체적인 색감이 중요합니다. 메인 컬러를 정해보세요. 우리 집에 어떤 색깔을 입힐지 생각해보는 거죠. 이때도 무드보드가 활약을 합니다.
내가 좋아하는 공간의 이미지들을 보며 공통된 컬러를 찾아보세요. 벽과 바닥, 가구나 소품들은 어떤 색인지 눈여겨보는 거예요. 색들의 조합도요. 꼭 무드보드가 아니어도 영화나 그림, 잡지에서 본 좋았던 것들에서 뽑아내는 것도 방법이에요.

지금은 사라진, 석촌 호수 근처의 '어나더 선데이'라는 카페를 작업했을 때는 베이지색과 주황색을 메인 바탕 컬러로 잡았어요. 한쪽 벽을 주황색(정확히는 주황색과 노란색 사이의 색)으로 칠하고, 바닥에는 짙은 베이지색과 주황색 중간쯤의 컬러를 지닌 타일을 깔았어요. 이 컬러는 영화 〈카페 소사이어티〉를 보고 결정한 것이었습니다(주인공 바비의 부자 삼촌 사무실 벽이 바로 이런 색이었죠). 조금 튀는 컬러여서 질리면 어쩌나 했는데 막상 칠하고 보니 빛이 들어올 때, 저녁 불빛 아래, 비 오는 날 모두 다른 느낌을 선사하며 원목 가구들과 어우러져 따뜻하고 사랑스러운 분위기가 연출되었습니다.

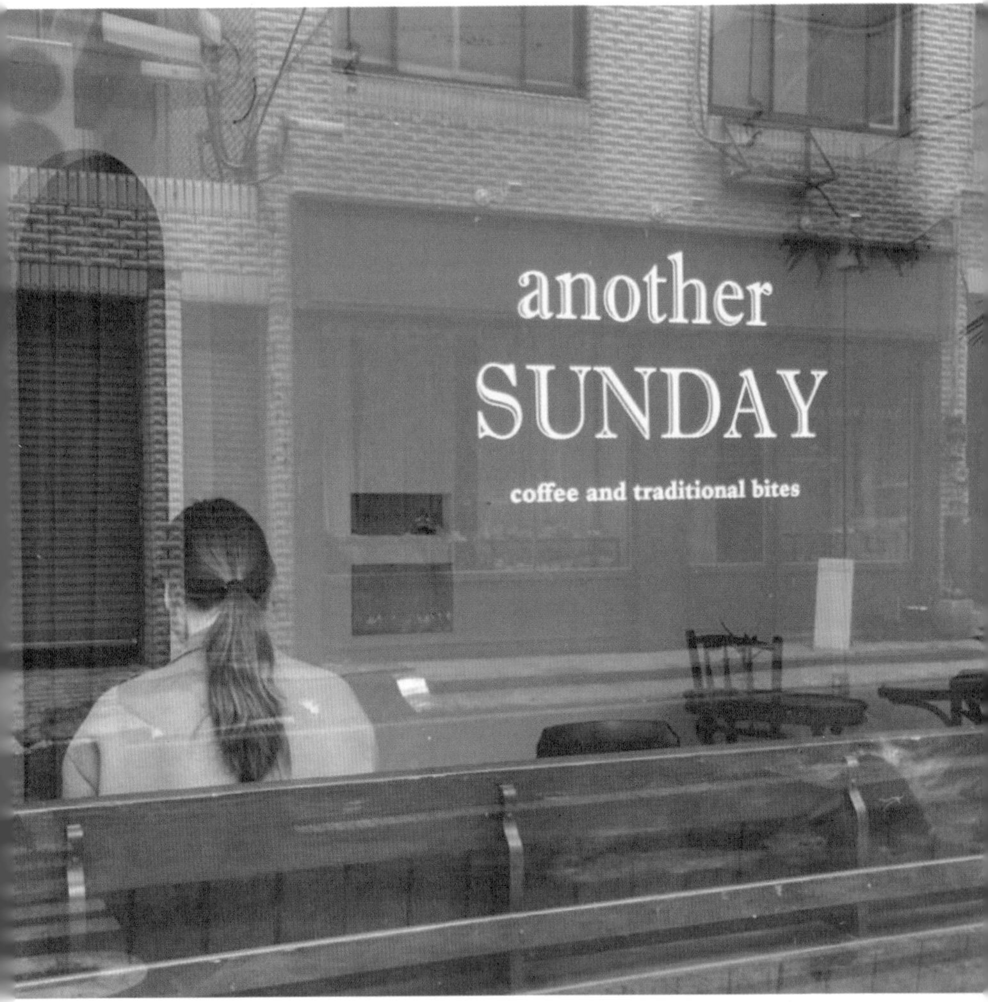
another
SUNDAY
coffee and traditional bites

지금은 사라진 카페 '어나더 선데이'
처음 작업했던 카페였기에 나중에 보니 서툰 부분도 많았지만,
모퉁이의 배달음식점이 카페가 되어 사랑받는 것을 보고 큰 감동을 받았다.

메인 컬러를 정하는 데에 특별한 규칙은 없지만, 벽이나 천장 등 넓고 바탕이 되는 면에 들어갈 주조색을 정하고 그것에 어울리는 색깔의 가구와 소품, 패브릭을 배치하면 실패할 확률이 낮아요.
선택한 색을 써도 될지 확신이 안 들 땐 핀터레스트를 활용해보세요. 예를 들어, 요즘 내가 좋아하는 색이 연보라인데 실제로 집에 적용해보면 어떨까 궁금하다면 핀터레스트에서 연보라색 벽을 찾아보는 거예요. 만일 마음에 드는 공간을 발견했다면 거기서 가능성을 보고 시작하는 거죠. 그 이미지와 완전히 똑같지 않더라도 해볼 만한지 판단하는 겁니다.

사실 인테리어 초보자라면 지나치게 과감한 색을 사용하는건 위험할 수 있습니다. 색을 잘못 사용하면 금방 질리거나 요란스러운 공간이 되기도 하니까요. 특히 매일 휴식을 취해야 하는 주거공간에는 조심스러울 수 있습니다. 무채색 계열을 택하는 게 여러모로 안전하다고 느끼죠.
저도 예전에는 질리지 않고 무난한 무채색이 무조건 최고라고 생각했어요. 그러다가 거실 벤치의 회색 쿠션커버를 세탁하려고 벗겨뒀던 날, 문득 우리 집이 딱딱한 표정을 짓고 있는 것처럼 느껴졌어요. 상업공간 같으면 좋겠다고 생각하긴 했지만 동시에 나를 품어주는 따뜻한 집을 원했습니다.
그래서 평소에 꼭 한번 쓰고 싶었던 민트색 천으로 번갈아 가며 쓸 수 있도록 여분의 커버를 제작했습니다. 그리고 평소 눈여겨보았던 머스터드색 쿠션과 털 쿠션을 구입했어요. 그 전에는 미니멀해야 한다는 강박감에 일부러 등받이 쿠션도 두지 않고 살았거든요.

커버를 바꾸고 새로운 쿠션들을 세팅하고 나니 거실의 모습이… 마치 민낯이 예쁘다고 생각했던 사람이 어느 날 갑자기 잘 어울리는 립스틱을 바르고 나타난 것 같은 느낌이었다고 할까요. 신선하고 생기 있어 보였습니다. 촌스러울까 봐, 금방 질릴까 봐 걱정하고 겁내며 무채색만 고집했던 것이 조금 후회스러웠습니다.
그래서 '나에게 편안함을 주는 컬러가 있지 않을까' 하며 평소에 모아둔 이미지들을 훑어보았어요. '어떻게' 쓰느냐가 문제였을 뿐 어떤 색을 쓰느냐는 전혀 문제가 아니었어요.
심지어 제가 모아둔 이미지 중에는 평소 집 꾸미는 데에 절대 쓰지 않겠다고 생각했던 핑크색마저도 세련되고 튀지 않게 쓴 공간들이 많이 있었습니다.

다만 염두에 두어야 할 것은 공간을 구성하는 것들(집 구조, 가지고 있는 물건들, 장소의 용도 등)의 어울림을 생각하는 일입니다. 전체적인 계획을 세우고, 얻고 싶은 분위기를 잘 디자인한다면 과감한 컬러를 사용해도 충분히 멋질 수 있습니다.

# #5 상상을 현실로

노트에 막 휘갈겨 그리면서 상상하는 시간을 가장 좋아한다.
네모 먼저 그리고 구조만 그리려다가 결국 말도 안 되는 가구를 올려 세우고
식물이나 연필꽂이 같은 것까지 상상하는 그런 순간.

tie

## 살고 싶은 내 집, 상상스케치

이제는 지금까지 우리 집과 공간에 대해 고민하고 찾아봤던 것들을 마음껏 그려볼 차례입니다. 공간을 스케치해볼 건데요. 실측 도면을 그리는 것과는 또 다른 작업이에요. 스케치에는 상상력이 필요합니다!

혼자 살 원룸을 구상하던 때에는 늘 스케치 작업을 했습니다. 현재의 공간을 보면서 이렇게 바뀌면 좋겠다고 생각하며 그리는 거예요. 처음에는 '테이블 여기, 침대 여기, 창문 여기' 하고 평면적으로 그리다가 조금씩 공간감을 넣어 그려봤어요. 비율도 대강 생각하면서요. 그러다 보니 그림을 그리게 되더군요. 그 그림이 실제로 비슷한 모습이 되어 눈앞에 나타나면 무척 신기했습니다. 물론 스케치와 전혀 다른 결과물이 나오기도 하는데 그건 또 그런대로 자연스러운 과정이라고 생각해요.

스케치 작업은 부담 없이, 즐겁게 해볼 수 있어요. 우리는 이미 어떤 집에서 살고 싶은지 깊이 생각도 했고, 따라 하고 싶은 공간의 사진을 많이 모아뒀잖아요. 사진들을 오래오래 바라보며 원하는 이미지를 생각합니다. 그리고는 노트에 그려보세요. 상상으로 우리 집에 시도해보고 싶은 것들, 두고 싶은 것들을 스케치하는 거예요. 이때는 비록 상상이지만 실현 가능해 보이는 것들을 그려야 합니다.

벽과 바닥을 그리고, 창문을 그려 넣고 나면 머릿속에서 그동안 보아왔던 이미지들이 춤을 춥니다. 여기에 빛이 들어오니까 책상을 이쪽에 둬야겠다. 의자에 앉으면 오전에 왼쪽 뺨으로 햇살이 들고 거기서 바라보는 책장에는 좋아하는 물건들이 진열돼 있으면 좋겠다. 그리고 커다란 식물도 있으면 좋겠다. 이런 생각을 하며 스케치를 해보면 공간을 어떻게 할까 하는 고민이 답답하지 않게 느껴졌습니다. 그리고 내 공간에 어울릴 것, 어울리지 않을 것이 자연스럽게 눈앞에 떠오릅니다. 그림을 못 그려도 상관없어요. 직접 그려보는 게 중요한 거죠.
공간을 내 손으로 그려보면, 알 수 있습니다. 내 손으로 구석구석을 어루만진 것처럼 느껴져요. 보지 않아도 머릿속에 그려지기 시작합니다.

스케치와 살짝 다르게 완성되었던 뮤직비디오 감독님의 오피스. 하지만 창문 옆에 책상을 두고, 맞은편에는 영감을 주는 이미지, 물건, 식물을 두는 것, 그리고 옆 공간은 휴식을 취하거나 동료들과 둘러앉아 시간을 보낼 수 있는 장소로 만드는 것 등 전체적인 구성은 동일합니다. 사실 스케치의 의미는 똑같이 꾸미는 것에 있지 않고 공간의 성질과 분위기를 정하고 설레는 상상을 시작하는 데에 있어요.

소품을 배치할 때도 스케치가 유용합니다. 에어비앤비에서 주최한 호스트를 위한 룸 메이크오버 이벤트에 디자이너로 참여했을 때의 스케치예요. 소품까지도 신중하게 두어야 아늑하고 머물고 싶은 기분이 증폭될 것 같아서 신경이 많이 쓰였던 작업이었어요. 그래서 소품 하나하나까지 그려가며 스케치를 했지요.



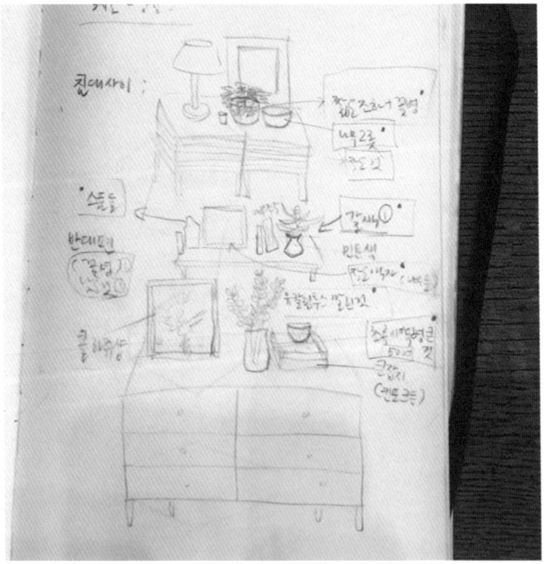

KINFOLK

꽃집 작업 스케치예요. 사랑스러운 꽃집 주인이 원하는 것들을 하나하나 노트에 그려나갔더니 저런 모습이 되었는데, 완성된 모습도 거의 일치합니다. 상상으로 그린 나뭇가지 조명을 실제로 만들어봤는데, 꽤나 비슷하게 구현하는 데 성공했습니다.

102-20

## 내 공간의 실제 치수를 안다는 것

같은 공간도 텅 비어 있는지 물건이 있는지, 물건이 있다면 무엇이 놓여 있는지에 따라 눈으로 느끼는 치수가 확연히 달라요. 공간감이 다른 공간이 되는 거죠. 그뿐만 아니라 색깔, 빛, 질감이나 온도에 따라서도 같은 치수가 다르게 느껴질 수 있습니다.

요즘도 종종 카페에서 몰래 줄자로 여기저기 사이즈를 재봅니다. 의자의 깊이, 테이블의 높이, 그 미묘한 차이를 느껴보기 위해서입니다.

어느 공간에 놓일 물건의 '치수를 안다는 것'은 재미있는 일이에요. 단순히 크기를 안다는 것 이상의 의미가 있어요. 자리를 얼마나 차지하는지 알게 되는 것을 넘어서 그 물건 자체의 아름다움을 좌우하기도 합니다. 물건이 실용적으로 쓰이면서도 안정적이고 아름다워 보이려면 공간에 맞는 적당한 사이즈여야 하더라고요.
이게 굉장히 당연한 이야기 같지만, 주변을 살펴보면 공간을 부자연스럽게 만드는 배치를 자주 접하게 됩니다. 예를 들어, 테이블 하나 두기에도 좁은 주방에 놓인 양문형 냉장고 같은 걸 떠올려보세요. (이 경우는 실측을 잘못했다기보다 공간에 맞지 않는 큰 가전제품에 대한 욕심 혹은 더 큰 집으로 이사 갈 때를 대비해서겠지만요.)

요즘은 3D로 공간을 거의 실제처럼 예상하며 작업하지만, 일을 시작한 초반에는 그래픽 디자인 프로그램으로 그린 도면과 무드보드를 주로 사용했습니다.
그 당시 가로 폭이 5미터에 가까운 넓은 거실에 2미터가 채 안 되는 하얀 TV장을 놓길 원하던 클라이언트가 있었어요. 카탈로그 속의 그 장은 군더더기 없이 정갈했고 공간을 깔끔하게 정리해주는 역할을 하고 있었죠. 클라이언트가 원한 것도 바로 그 정돈된 느낌이었어요. 도면상 그 거실에는 덩치가 더 큰 장이 어울릴 것 같았지만 예산도 그렇고, 간절하게 그 장을 놓고 싶다고 하셔서 그러자고 했어요.
일주일 후 그 TV장이 배달됐고 거실에 배치해봤어요. 그런데 꼭 다른 가구 같더라고요. 정갈하고 깔끔한 느낌은 온데간데없고 텅 빈 원룸에 주방의 영역을 표시하기 위해 놓인 하얀 싱크대처럼, 그저 TV를 받치는 역할의 가녀린, 하나의 가구일 뿐이었습니다. 결국 장을 한 세트 더 놓고 러그를 깔고, 서랍장을 하나 더 놓고 나서야 그 TV장은 카탈로그 속의 모습을 되찾았습니다.

내 공간의 실제 크기를 자세하고 정확하게 알고 있는 것은 매우 중요한 일입니다. 도면과 3D를 완벽히 그릴 수 있다면 좋겠지만, 업체에 공사를 의뢰하지 않는 경우, 이런 것들을 알 수 있기란 어렵죠. 이 책상을 우리 집에 두고 싶은데 얼마나 꽉 찰까? 이걸 놓고 나면 나머지 공간에 화장대가 들어갈까? 걸어 다닐 수 있는 공간은 나올까?

그때그때 가구 사이즈와 집의 모습을 머릿속으로 그릴 수는 없어요. 무엇보다 먼저 공간의 사이즈를 정확히 재야 합니다. 어디에 기둥이 있고 얼마나 튀어나와 있는지, 문은 어떻게 열리고, 창문은 어디에 어떤 높이로 있는지 자세히 기록할수록 좋아요. 너무 깊이 생각하지 말고 연필로 슥슥 그리세요. 그러고는 써넣는 거예요. 이 벽은 몇 센티, 창문은 몇 센티, 자세한 사항들, 이를테면 천고, 창문 높이, 기둥의 깊이 등을 메모해요. 그 도면을 휴대폰으로 찍습니다. 그러면 필요할 때 언제든 꺼내볼 수 있어서 좋아요.

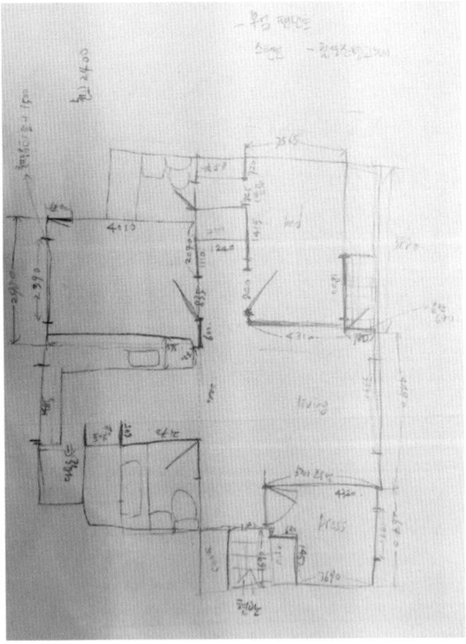

제가 원룸에 살 때 자주 했던 '종이배치 놀이'도 알려드릴게요. 힘들게 가구를 옮겼는데, 한 뼘 정도 공간이 부족하거나 애매하게 남아서 다른 가구를 놓지 못할 수도 있잖아요. '종이배치 놀이'로 시뮬레이션을 해보면 그럴 일이 없습니다.

먼저 내 방을 정확히 실측해서 모눈종이에 그려요. (모눈종이 이미지는 인터넷에도 많이 있으니까 다운받아서 사용하세요.) 축소해서 그리는 거니까, 1미터를 몇 칸으로 할지 기준을 세워야겠죠? 방을 그린 종이는 두고 가구들도 실측 후 모눈종이에 그립니다. 그리고 가구들을 잘라주세요. 잘라낸 종이에 침대, 옷장 등 이름을 쓰고 모눈종이에 그린 방 위에 가구를 배치해봅니다. 요리조리 자리를 바꾸며 시뮬레이션을 해보세요.

사실 컴퓨터로 작업하면 더 정확하고 쉽겠죠. 하지만 이 놀이에는 또 다른 재미가 있답니다. 어릴 적 종이인형에 옷을 입히던 마음으로 가구 배치를 해보는 것. 그래서 조금 더 재미있는 기분이 드는 것. 나와 집을 위한 놀이인 거죠.

사이즈만 문제되지 않는다면, 가구는 이래저래 시도해보는 것도 좋은 거 같아요. 거실 한가운데에 현관을 등지게 소파를 놓거나, 평범하지 않은 배치들도 해보는 거죠. 이상하면 다시 바꾸면 되니까요. (몸은 좀 힘들지만요.) 낯선 배치도 의외로 좋을 수 있어요.

## 이게 어울릴까? 확신이 안 생길 때

무엇을 어떻게 배치할지, 전체적인 컬러는 어떻게 잡을지 대강 마음을 정했는데 이 물건이 어울릴까 혹은 이 색깔이 어울릴까 하고 고민스러운 순간이 올 거예요. 이건 아무리 상상해봐도 쉽게 알 수 있는 부분이 아니더라고요. 이럴 때는 최대한 실제와 비슷하게 시뮬레이션을 해봅니다. 그림도 그려봤고, 어떻게 물건을 놓을지 구상도 했고, 70퍼센트 정도는 결정이 끝난 상태. 이제는 머릿속에 있는 것들을 어떻게든 실제처럼 배치하고 체크해볼 차례예요. 가장 좋은 건 '스케치업'이라는 프로그램이지만, 다루지 못해도 상관없어요. 포토샵이나 휴대폰 앱을 활용해도 좋고, 사진을 출력해서 콜라주 하듯 붙여보는 것도 좋아요. 자신이 할 수 있는 방법을 동원해서 실제 들어갈 물건들 혹은 색을 입혀보는 거예요.

이태원 집을 처음 본 날, 저는 사진을 찍어서 포토샵으로 벽과 바닥 색부터 바꿔봤습니다. 검은 바닥과 검은 문으로 바꾸면 내가 생각한 것 같은 느낌이 나올까 하면서요. 색을 바꿔보니 예상대로 적절한 시크함과 따뜻함이 느껴지는 공간으로 보였습니다. 덕분에 확신을 가지고 페인팅을 할 수 있었죠.

위 이미지는 휴대폰으로 찍은 사진에 포토샵으로 문과 문틀을 검은 색으로 칠해본 거예요. 아래는 실제로 페인팅을 한 후고요.

에어비앤비 메이크오버 이벤트 때예요. 위쪽은 합성한 사진으로 벽, 조명, 실제 사용될 가구와 소품 등을 배치해본 이미지예요. 아래는 메이크오버가 끝난 후 실제 모습입니다.

## #6 우리가 바꿀 수 있는 것들

여기에 우리들의 이야기가 차곡차곡 쌓이겠지.

사회생활을 시작하고 처음 살았던 집은 네 평 남짓한 옥탑방이었습니다. 지하철 노선도를 보고 회사에서 멀지 않은 군자역 근처로 지역을 정하고는 아무 부동산이나 들어가서 제가 가진 보증금을 말했습니다. '그 돈으로 구하기에 딱 적당하다'는 반지하 몇 군데와 구석구석 때가 찌들어 있던 손바닥만 한 풀옵션 원룸 몇 군데를 돌고 나서 마지막에 본 집, 5층짜리 신축 빌라의 작은 원룸 옥탑방. 그곳이 제가 서울에서 구할 수 있는 가장 쾌적한 집이었습니다.

보증금 300만 원에 월세 35만 원, 깔끔한 벽과 바닥, 그리고 화장실. 벽 한 면이 어수선한 꽃무늬 벽지로 마감되어 있는 것을 빼면 완벽하다고 생각했습니다. 저 꽃무늬 벽지를 민트색으로 칠하고 나면, 재활용 센터에서 끙끙대며 들고 온 플라스틱 책상의 다리를 벽과 같은 색으로 칠하고 나면, 작은 옥탑방이 비로소 내 집이 될 것만 같던 그때. 땀을 뻘뻘 흘리며 페인트를 칠하고, 엄마가 만들어주신 하얀 커튼을 내 방의 유일했던 창문에 곱게 걸던 여름밤이 있었습니다.

옷가지와 살림살이가 모두 제자리를 찾은 날, 잠자리에 누워 방 안 곳곳을 한참 동안 바라보았습니다. 공기는 달았고 커튼 틈 사이로 보이는 풍경은 다정했어요. 어제의 셋방살이 옥탑방이 오늘의 파라다이스로 바뀌는 순간이었습니다.

그때 이후로 벽지를 뜯고 장판을 걷으며, 페인팅을 하며, 혹은 뜯긴 문짝을 보수해가며 내게 주어진 공간을 사랑하는 법을 연구했습니다. 저에게는 집의 소유보다 중요한, 내가 머물고 싶은 공간을 만드는 작업이었어요.

그리 특별할 것도 없는 저의 이야기이지만 작은 힌트라도 되기를 바라면서, 여러 차례 이사를 하며 그리고 공간 일을 시작한 후 시도해봤던 작업들을 소개해보려고 해요. 그에 앞서 몇 가지 나누고픈 이야기가 있어요.

**내가 할 수 없는 것들**

셀프 인테리어가 붐을 일으키며 네이버 메인 페이지에 늘 등장하던 시절, 무림 고수의 전법 같은 '셀프 인테리어기'가 몇몇 선구자(?)의 블로그에 연재되기 시작했습니다. 인테리어는 엄연히 전문가의 영역이라는 생각에 셀프로 시도할 엄두가 나지 않던 이들에게 그들의 무용담은 신선하고 재미있고 신기한 것이었지요. 나름의 방법으로 집을 뜯어고치고 꾸미는 것을 즐기던 저에게도 그런 포스팅들은 흥미로웠어요. 거의 집을 새로 짓는 수준으로 인테리어를 하는 블로거들을 보며 부러울 때도 있었습니다. 그렇게 셀프 인테리어 시공기가 퍼져나갈 즈음, 유난히 많이 보이는 후기가 있었습니다.

"벽지 절대 뜯지 마세요."

"벽지를 뜯으면 고생문이 열립니다. 헬게이트입니다."

그리고 벽지와 사투를 하며 찍은 사진들이 올라오는데… 벽지라는 놈이 보통 끈질긴 녀석이 아니더군요. 쭉쭉 찢어내고 남아 있는 잔재에 물을 뿌려서 불리고 떼는 것을 반복하는 일은 보기만 해도 마음이 답답해졌습니다. 그리하여 '나는 절대 벽지를 뜯지 않으리라' 다짐했고, 이사한 원룸에는 벽지 위에 수성 페인트를 칠해서 나름 깔끔하게 마감한 후 만족하며 3년 남짓 살았습니다. 때때로 셀프 인테리어를 하겠다며 벽지를 뜯으려는 친구들을 말리면서 내가 얼마나 큰 역경과 고난에서 너희를 구해준 것인지 생색을 내기도 했죠.

그렇게 피하고 싶었던 벽지 뜯기 작업을 저도 해보기는 했습니다. 2014년 겨울, 이태원의 언덕배기 동네에 몇몇 사람들과 작업실을 꾸리기 위해 가정집이었다는 2층 집을 월세로 얻어 셀프 인테리어를 할 때였어요. 방이 세 개였던 그 집의 벽 몇 개에는 곰팡이가 빼곡히 자리잡고 있었죠. 도저히 벽지를 제거하지 않을 수 없었어요. 몇 날 며칠을 벽에 매달려 시간을 보냈습니다. 곰팡이가 핀 축축한 벽지는 의외로 잘 떼어졌지만 정말로 저를 힘들게 했던 건 곰팡이였어요. 곰팡이를 없애기 위해 락스와 물을 희석한 용액을 집게손가락에 물집이 잡히도록 분무기로 분사했던 일은 지금 생각해도 아찔합니다. 엄청난 두통과 추위와 싸워가며 벽지를 떼고 곰팡이를 제거했던 겨울날들을 이제는 나름의 추억으로 생각합니다만, 두 번 다시는 못 할 일입니다. 지금은 공간을 볼 때 곰팡이의 축축한 기운이 느껴지면 우선은 피하고 봅니다. (곰팡이는 주로 냄새와 습도로 알 수 있죠.)

그 외에도 셀프로 하기에는 고난이도인 작업들도 많이 있습니다. 바닥이나 벽을 미장한다거나, 타일 작업, 배관 작업 등은 고수인 블로거들의 글만 읽고 자신감에 불타 시도할 만한 일이 전혀 아닐 수 있습니다. (그런 일들, 이를테면 변기 위치를 옮기고 화장실 전체에 타일 작업을 한다거나 바닥 미장 작업 등을 해내신 몇몇 셀프 인테리어 블로거들께 진심으로 경의를 표합니다.)

고치기 어려운 것들을 굳이 다 바꾸려고 애쓰지 마세요. 저는 종종 낡은 느낌을 굳이 감추지 않고 적당히 드러내서 전체적인 분위기가 친근하고 따뜻하게 느껴지도록 인테리어를 했어요. 정성이 조금만 들어가도 집은 확실히 달라집니다. 우리는 시공 전문가가 아니니 어찌할 수 없는 것에 너무 힘을 쏟을 필요는 없습니다.
자신이 어려운 공사 과정을 굉장히 즐기고 기술이 있는 사람이 아니라면 차라리 집을 구할 때 조금 더 공을 들이는 편을 권합니다. 집을 구할 때 눈여겨볼 것들은 270쪽에서 더 얘기해볼게요.

**완벽함의 덫**

처음 집을 꾸미기 시작하면 '완벽함의 덫'에 빠질 때가 많습니다. 셀프 인테리어를 하면서 '완벽한 마감에 목숨을 거는 일'만큼 자신을 피곤하게 하는 것도 없습니다. 앞서 말한 벽지 뜯기도 완벽한 마감을 꿈꾸며 시작되는 작업이죠. 물론 마감이 완벽하면 공간의 완성도가 높아집니다. 그건 분명한 사실이에요. 하지만 '직접' 집을 꾸미기로 마음먹었다면 완벽하게 모든 공간을 완성하겠다는 패기보다도, 업자보다 더 잘할 것이라는 다짐 같은 것보다도 어떻게 하면 지치지 않고 내가 원하는 공간을 구현해낼 것인지 고민해야 합니다. 중요한 것은 나의 '공간에 대한 애정'입니다. 엉성한 붓질도 그대로 디자인이 될 수 있어요. 완벽해지려고 하기보다 나만의 것을 만들려고 하는 것이 제가 생각하는 셀프 인테리어의 비법입니다.

**2년째 인테리어 중**

이사를 하고 인테리어를 하다 보면 많이 듣는 말이 있어요.
"아직도 집이 완성되지 않았어? 대체 언제 끝나는데?"
이사를 할 때마다 어김없이 들었던 이야기죠. 마음에 들지 않는 가구로 집을 채우고 싶지 않아서, 반드시 원하는 컬러가 아니면 우리 집 문에 칠하고 싶지 않아서, 소파 테이블 자리와 그 맞은편을 휑하게 비워두고 화장실 문짝 한가운데에 젯소만 칠해둔 상태로 한 달이 넘어갈 때, 주변에서는 대체 그 집 인테리어는 언제 끝나느냐며 압박을 합니다. 너는 남의 공간 인테리어도 한다는 애가 왜 그렇게 더디냐고 다그침 아닌 다그침을 받기도 합니다. '인테리어' 하면 리모델링 공사가 먼저 떠오르고, 작은 공간 공사는 보통 1~2주면 끝나니까 그렇게 생각하는 것 같아요.

제가 이태원에 살던 시절, 광화문 개미라고 자신을 소개하는 직장인인 저의 친구 은하는 2년간 인테리어 중이었습니다. 이사한 지 얼마 안 되었을 때 천장에 설치하려고 집 근처 인테리어 소품가게에서 조명을 몇 개나 사놓고 원래 형광등도 떼지 못한 채 몇 달째 살고 있는 것을 보고 제가 형광등만 떼주고 왔는데, 2년이 지난 (계약이 만료되어가는) 후에도 그 모습 그대로 살고 있었어요. 대신 이케아의 집게형 조명을 거실 선반에 달아서 사용했습니다.

그런데 그 친구 집에 가면 항상 현재의 모습으로도 충분하다는 생각이 들었어요. 정리가 안 된 부분도 많기는 하지만, 취향이 좋은 친구가 아무 물건이나 들이지 않고 자신이 좋아하는 물건과 분위기로 조금씩 가꾸며 살아왔기 때문이에요. (특히나 제가 탐을 내는 소품들이 많아서 '은하네 편집숍'이라고 부르는데, 주로 해외에서 구매한 빈티지 마켓의 보물(!)과 신문물(?)을 다수 보유하고 있었습니다.)

정원 하나를 가꾼다 생각하고, 식물 하나를 키운다 생각하고, 조금씩 조금씩 해나가면 됩니다. 지금 집에서는 완벽하지 않을 수도 있어요. 열아홉 살의 제가 혼자서 방을 꾸며보겠다고 문방구에서 사온 시트지를 재단하고 있었던 때를 떠올리면 지금의 집이 꿈처럼 느껴집니다. 지쳐서 포기하지만 않으면 돼요. 중간에 '모르겠다!' 하고 놓아버리지만 않으면 정말 달라질 수 있습니다. 오래전 제가 블로그에 처음 셀프 인테리어에 대해 이야기하며 이런 말을 쓴 적이 있어요.

"하나하나 취향대로 바꿔가다 보면, 언젠가는 원하는 공간에서 살고 있겠죠?"

여러분도 하나하나 바꿔가다 보면 자신이 바라던 공간을 만들 수 있을 거예요. 우리는 이제 화분에 씨앗을 심은 거니까요.

아직도 집이 완성 안 된 거냐고 많이들 묻는다.
완성이라고 하기엔 한참 멀어 보이는 이 집.
문짝 페인팅도 해야 하고, 지류함 위에 그림처럼 어울릴 식물도 사야 한다.
벽에 걸어놓을 그림도 골라야 하고, 자그마한 벽시계도 있어야 한다.
꼭 어울리는 것들로 채우려는 다짐.
한정된 예산으로, 가벼운 주머니로 그런 물건들을 찾는 일.
스스로를 재촉한다고 얼른 되는 일은 아닌 듯하다.
완성이 어디 그렇게 쉬운가.
아무 말이나 떠들어댄다고 이야기가 아니듯
아무 물건이나 들인다고 해서 집이 되는 것이 아니다.

## 직접 페인팅을 해봤습니다

초보자가 하는 셀프 인테리어 중 가장 완성도가 높을 수 있는 것이 페인팅이라고 생각합니다. 시도하기도 쉽고, 시공 후에 만족도도 높은 편입니다. 제가 가장 먼저 시도했던 것도 페인팅이었어요. 페인팅에 대한 정보는 인터넷에 많이 올라와 있으니까 저는 아주 기본적인 것만 간단히 이야기할게요.

페인트는 크게 수성과 유성으로 나뉘어요. 수성 페인트는 코팅 처리를 하지 않은 원목 가구나 선반, 벽지 등에 칠할 수 있어요. 저는 벽지 위나, 면적이 넓은 면을 평범한 컬러(흰색, 검은색, 회색 등)로 칠할 때에는 비교적 저렴한 국산 제품을 사용합니다. 요즘은 국산 페인트도 워낙 잘 나와서 냄새도 덜 나고 원하는 컬러로 조색하기도 쉬운 편입니다. 적은 면적을 칠하거나 특정 브랜드의 특정 컬러를 원할 경우 수입 페인트 브랜드를 사용하기도 합니다.

유성 페인트는 말 그대로 기름의 성질을 가진 페인트라고 이해하면 돼요. 코팅되어 있는 표면이나 수성 페인트로는 페인팅이 어려운 철재, 타일, 플라스틱, 필름지 위 등 거의 모든 곳에 칠할 수 있어요. 코팅력이 우수해서 물이 닿는 부분, 특히 욕실이나 주방 타일 위에도 사용할 수 있어요. 수성 페인트와는 다르게 점도가 있고 시너로 희석해가며 사용해야 해요. 페인트 냄새가 많이 나서 작업할 때도 작업 후에도 반드시 환기를 해줘야 합니다. 프라이머 작업을 하지 않아도 되어서 빠르게 칠할 수 있지만, 그럴 경우 물기가 닿으면 잘 벗겨지는 단점도 있어요.

프라이머 작업이란, 페인트를 칠하기 전에 미리 해주는 밑작업입니다. 주로 표면이 반질반질하게 코팅되어 있는 경우에는 '프라이머(젯소)'를 발라서 칠하기 좋은 상태로 만들어줍니다. 표면의 코팅을 잡아준다고 생각하면 돼요. 접착력을 높여서 칠이 오래 유지되게끔 도와주거든요. 흰색인 프라이머는 꼼꼼하게 바르는 것도 중요하지만, 면 전체에 골고루 바르는 것에 더 신경을 써야 합니다.

## 벽지 위에



벽 페인팅처럼 드라마틱한 결과를 가져오는 작업이 또 있을까 싶어요. 제가 처음 도전했던 벽은 곰팡이로 얼룩덜룩해진 부모님 댁 작은 방 벽지였어요. 그때 열심히 검색한 덕분에 벽지 페인팅에 대해 알게 되었죠. 곰팡이나 오염에 강한 페인트가 있다는 것도요. (제품 설명에 '결로방지용'이라고 쓰인 제품들이 있어요.) 곰팡이 핀 벽을 칠하고 드라마틱한 변화를 경험하고부터는 벽지 위 페인팅에 자신감과 확신이 생겼어요. 그래서 이후로도 여러 가지 벽 페인팅에 도전해 보았습니다.

곰팡이만큼이나 얼룩덜룩한 꽃무늬 실크벽지 위에도 페인트를 칠할 수 있는데요. 저의 서울 첫 자취방이었던 옥탑 원룸에 시공되어 있던 포인트 벽지가 바로 현란한 꽃무늬(게다가 꽃무늬에 엠보싱 처리가 되어 있어서 올록볼록한) 벽지였습니다. 흰색으로는 최소 세 번은 칠해야 무늬가 가려질 것 같아 조금 짙은 청록색 컬러를 선택했어요. 주말에 고속버스터미널 한가람문구에 가서 개중 저렴한 국산 페인트를 사 들고 끙끙대며 집에 돌아왔습니다. 두근두근했던 그날의 발걸음이 지금도 선명하게 기억나요.
그 후엔 희미하게 무늬가 있던 누리끼리한 벽지도 흰색으로 페인팅했어요. 면적이 넓어서 저렴한 수성 페인트를 사용했는데, 깔끔한 느낌만 내는 것이 목표였기에 전체적으로 한 번만 칠했습니다. 페인팅은 보통 2회가 기본이지만, 같은 톤으로 칠하는 경우 한 번만 칠해도 훨씬 정돈된 느낌을 줍니다.
초보자들이 벽 페인팅을 할 때 어려워하는 부분이 바로 붓에 묻히는 페인트의 양 조절입니다. 검색하면 페인팅하는 방법은 쉽게 찾을 수 있지만 막상 칠하려면 감이 오지 않죠. 붓이나 롤러를 페인트에 푹 적신 다음 흐르지 않을 정도만 덜어내고 칠해보세요. 너무 적은 양으로 조금씩 바르다가는 온종일 걸릴 수 있어요. (실제로 셀프 페인팅을 한다면서 벽 한 귀퉁이를 반나절 동안 칠하고 있는 친구들의 모습을 목격한 적이 있습니다!)



페인팅을 하지 않고 벽을 바꿀 수 있는 다른 방법도 있어요. 원목이나 패널 등 새로운 자재를 덧붙이는 거예요. 콘크리트 벽이 아닌 석고보드나 원목으로 마감된 벽에는 어렵지 않게 시공할 수 있어요.
오동나무 합판을 시공한 예를 들어볼게요. 우선 시공할 벽 사이즈를 정확히 잰 후 목공소에서 얇은 합판을 재단해 옵니다. 이때 1. 벽 사이즈보다 합판이 약간 작은 것은 괜찮지만, 조금만 커도 시공하기 어려워요. 2. 2~4피스로 나눠 재단하면 시공할 때 편해요. 3. 합판은 너무 두껍지 않은 것을 고릅니다. 4~5밀리미터 정도가 적당해요. 붙일 땐 합판 뒷면에 목공 풀을 바르고 벽에 부착한 후 '태커 **tacker**'로 고정하면 완성입니다. 흔히 '타카'라고 부르지요. 태커는 되도록 힘이 있는 제품을 사용하는 것이 좋아요. (스테이플러처럼 생긴 핸드 태커로는 고정할 수 없습니다.) 못을 박아서 고정하는 것도 가능합니다. (전문가의 시공법과 차이가 있을 수 있습니다.)

## 문과 문틀에

문짝 페인팅도 적은 노력으로 드라마틱한 결과를 낼 수 있는 공정 중 하나예요. 벽을 칠하는 것과 비슷한데요. 다만 문고리 같은 부속이 달려 있기 때문에 밑작업(칠하면 안 되는 부분을 마스킹 테이프로 감싸는 작업. 흔히 '보양 작업'이라고 불러요.)을 조금 더 꼼꼼하게 해야 하죠. 보통은 수성 페인트로 칠해도 되지만, 화장실은 물에 강한 전용 페인트를 칠하는 것이 안전합니다.

문짝을 떼어내고 칠해야 하나 고민하는 분들이 많더라고요. 몇 번 시도해본 결과, 떼지 않아도 깔끔하게 페인팅할 수 있습니다! (대신 마스킹 테이프를 붙이는 밑작업을 꼼꼼히 해주세요.) 문짝을 칠할 때는 먼저 프라이머를 바르기를 권하지만, 어두운 컬러로 칠하거나, 코팅한 지 오래된 원목 문짝일 경우에는 생략해도 됩니다. 지저분한 부분이 있거나 코팅이 거슬리면 사포로 문지르고 칠해도 좋습니다.

저희 집의 경우 코팅이 거의 남아 있지 않은 오래된 원목 문짝인 데다가 원래의 컬러보다 짙은 색으로 칠했기 때문에 프라이머를 생략하고 사포 작업을 약간 해준 후 검은 수성 페인트로 2회 칠해서 마감했었어요.

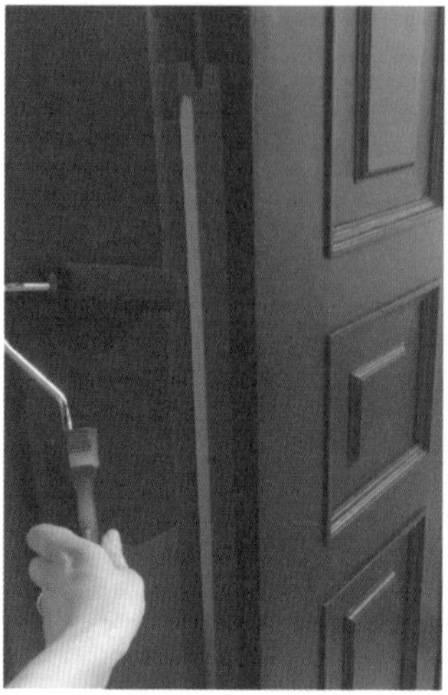

페인팅할 땐 모서리나 섬세한 부분을 먼저 붓으로 작업한 후, 평평하고 넓은 부분은 롤러로 칠하면 됩니다. 롤러는 W나 M자를 그리며 쭉쭉 펴 바른다는 느낌으로 칠하면 깨끗하게 발려요. (벽이나 가구도 마찬가지입니다.)

롤러에 페인트를 묻히는 건 매니큐어를 칠할 때 붓에 묻히는 정도를 떠올리면 쉬울 거예요. 페인트를 약간 흐르기 직전의 상태로 묻힌 후 칠하면 자국 없이 균일하게 바를 수 있어요. 페인팅은 2회를 기본으로 하고, 부족하면 충분히 말린 후 덧칠해주세요.

## 장판을 걷고 바닥에

바닥도 페인팅이 가능하지만, 장판을 걷어내고 바닥을 페인팅하는 분은 별로 없어요. 왜 그럴까 생각해보니 일단은 그런 사례가 거의 없고, 크랙(갈라짐)이 생기기 쉬워서인 것 같아요.

시공 전문가들이 피하려고 하는 게 있다면 '하자보수'가 아닐까 해요. 일이 다 끝난 후에 이런저런 문제로 다시 고치는 작업을 누구도 좋아할 리 없죠. 그런데 온돌 바닥에 페인팅을 하면 크든 작든 반드시 갈라짐이 생깁니다. 하자보수 '거리'지요. 그래서 기술자분들은 추천하지 않으실 거예요.

앞에서 언급했듯이(131쪽) 크랙(갈라짐)이 뭐 대수냐 생각했던 저는 다른 집에서 본 적 없는 검은 페인팅 바닥에 도전하기로 했습니다.

먼저 시멘트 바닥이 드러나도록 장판을 걷어냈어요. 이 때, 장판이 두세 겹 깔려 있는 경우가 많아요. 저희 집에도 두 겹이 깔려 있었습니다. 당연히 시멘트 바닥이 지저분할 텐데요. (오래된 집일수록 심합니다.) 청소가 필요합니다. 곰팡이가 핀 부분은 곰팡이 제거제나 락스로 깨끗이 제거해주고요. 먼지도 깨끗이 쓸어줍니다. 바닥용 초벌제를 바른 후 컬러가 들어간 수성 에폭시를 바릅니다. 수성 에폭시는 여러 가지 컬러가 있지만, 제가 사용한 제품은 마음대로 조색할 수는 없었어요.

그 위에 코팅제까지 발라주면 끝. 저의 경우 초벌제는 '실크리트 락다운', 수성 에폭시는 '에폭시 씰', 코팅제는 '클리어 씰'을 썼어요. 할 수 있다면 벽과 바닥 사이 틈에 실리콘 마감을 해주어도 좋습니다.

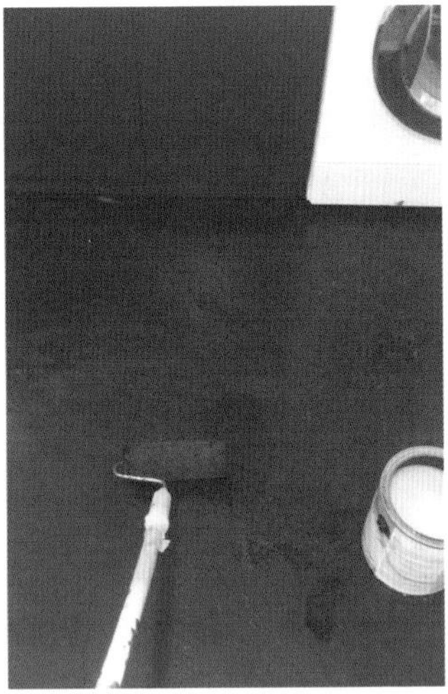

바닥 페인팅, 결과는 어땠냐고요? 이사 오기 전에는 저희 집 천장이 좀 낡아 보였어요. 살짝 과하게 디테일한 문양의 나무 천장. 드라마 '응답하라' 시리즈에 등장할 것 같은, 따뜻하고 촌스러운 느낌이었어요. 그런데 바닥을 검게 칠하니까 분위기가 달라지면서 천장이 완성도 있게 보이기 시작했습니다. 공을 많이 들인 느낌이 되었다고 할까요. 차가운 바닥의 느낌을 따뜻하게 잡아주는 요소처럼 느껴졌어요. 덕분에 제가 원했던 무채색의 시크한 집보다 독특하고 매력적인 공간이 되었습니다. 저희 집을 보고 바닥을 페인팅한 친구들도 꽤 있었으니 다른 사람들 눈에도 괜찮아 보였나 봅니다.

저처럼 독특한 분위기를 원할 때, 이국적인 공간이나 상업공간 같은 느낌을 내고 싶을 때 바닥 페인팅을 추천해요. 아기가 없는 신혼부부나 1인가구의 집에 어울린다고 생각해요. 비용은 평범한 장판을 까는 것과 비슷하게 들었고요(물론 셀프로 시공했을 때 가격입니다), 생각보다 시공이 쉬운 것도 장점이었어요. 하지만 물걸레질이나 스팀 청소기 사용이 용이하지 않다는 점(조금씩 벗겨짐), 예상대로 바닥이 좀 갈라진다는 단점이 있어서 매일매일 바닥을 걸레로 닦아야 속이 시원한 분이나 갈라짐에 예민한 분들께는 추천하지 않아요.

## 싱크대 문짝에

낡은 집의 셀프 인테리어를 해야 할 때, 저는 오래된 싱크대라고 좌절하지 않습니다. 손잡이를 교체하고 싱크대 전면 타일을 페인팅하는 간단한 작업만으로도 변화를 줄 수 있으니까요.

싱크대 페인팅은 손잡이를 제거하고 문짝을 뗀 다음 칠하면 깔끔하지만, 경첩을 다시 조립할 자신이 없다면 손잡이만 제거한 후 경첩 부분을 마스킹 테이프로 감싸고 페인팅하는 것도 괜찮아요.

대부분의 싱크대는 프라이머 작업이 필요합니다. 프라이머는 너무 두껍게 바르지 않아도 돼요. 새하얗게 뒤덮지 않아도 되니 한 번 덧칠해준다는 느낌으로 바르세요. 방문을 페인팅할 때와 마찬가지로 구석은 붓으로, 넓은 면적은 롤러로 칠합니다. 2회 페인팅을 기본으로 하되, 필요할 경우 덧칠해주세요. 덧칠할 때는 완전히 마를 때까지 기다렸다가 다시 칠해야 합니다. (싱크대 재질에 따라 페인팅보다 시트지 작업이 더 용이한 경우도 있습니다.)

이곳은 게스트룸 형식의 원룸이었는데요. 낡고 금이 간 타일을 하얗게 페인팅하고, 싱크대 먼지를 박박 닦고 손잡이를 동그란 금장으로 바꿔주었어요. 삭막함을 덜어주려고 식물도 두었습니다.

## 타일과 욕조에

타일 위에도 페인팅은 할 수 있지만, 물이 매일 닿으면 언젠가는 벗겨지고 오염이 생기더라고요. 큰돈을 들이지 않고 분위기만 바꾸는 경우, 거기에다가 조심조심 사용할 자신이 있는 분들께는 추천, 물 사용이 잦다면 추천하고 싶지 않아요. 오염에 관대하고 청소와 환기를 잘할 수 있다면 괜찮지만 그렇지 않은 분들에게는 스트레스의 요인이 될 수 있습니다.

욕실의 타일과 욕조에 사용할 수 있는 페인트는 욕실 코팅제, 욕실용 페인트, 유성 페인트(사실 모두 유성 베이스의 페인트이지만 편의상 동네 페인트 가게에서 유성 페인트라고 판매하는 제품을 지칭할게요)예요. 가격은 욕실 코팅제와 욕실용 페인트가 비슷하고, 유성 페인트는 저렴합니다. 세 가지 모두 냄새는 많이 납니다. 저는 그게 가장 힘들더라고요. (그중 유성 페인트가 냄새가 가장 심합니다.)
가격 대비 만족도가 높았던 것은 유성 페인트였고(무척 저렴합니다), 깔끔하다고 생각한 것은 욕실용 페인트였어요. 욕실 코팅제는 마치 염색약처럼 1제와 2제를 섞어서 사용했는데, 제가 비율을 조금 묽게 했는지 굉장히 자연스럽게 한 겹 입혀진 정도로 마감되었어요.

만약 다시 욕실을 칠해야 한다면 '유성 페인트+욕실용 페인트' 조합을 선택할 듯해요. 문에는 유성 페인트, 타일에는 욕실용 페인트를 칠할 거예요. 화장실 문 쪽으로 전혀 물이 닿지 않는 건식 화장실이라면 문에도 수성 페인트를 사용할 거고요.

욕조에도 페인팅이 가능해요. 코팅제, 유성 페인트, 욕실용 페인트 세 가지 모두 써보았는데요. 청소할 때 뽀득뽀득 닦이는 느낌이 조금 부족하고 물때가 잘 끼지만 가격 대비 만족스러웠던 건 욕실 코팅제였어요. 모서리 부분에 자리 잡은 물때를 매직블록으로 박박 닦고도 붓 자국이 느껴질 때마다 '새 욕조가 있으면 좋겠다'라고 매번 생각했지만요. 코팅만으로 새 욕조 같은 매끄러움을 구현하는 것은 좀 어렵습니다. 단, 오래되고 지저분한 욕조를 깔끔해 보이는 수준으로 변신시키는 것은 가능해요.

## 가구와 소품에

가구를 리폼한다고 해서 대단한 기술이 필요한 건 아닙니다. 저의 경우 주로 페인트칠을 해서 중고 가구를 변신시켰습니다. 그리 어렵지 않은 작업이에요. 시트지를 붙이는 방법도 있지만, 페인팅을 선호하는 편입니다. '페인팅+손잡이 교체'만으로도 얼마든지 새로운 느낌을 줄 수 있는 데다 페인팅 특유의 아날로그한 질감을 좋아하기 때문이에요.

예를 들어 204쪽~205쪽은 이태원 집 작은 방 사진이에요. 이케아에서 가장 저렴한 침대 프레임과 인터넷으로 구입한 2만원 대의 수납장으로 세팅했어요. 둘 다 같은 컬러(회색)로 페인팅하고 수납장의 손잡이를 바꿔 통일감을 줘서 전체적인 방 컨셉을 맞췄어요.

자양동 집의 신발장이에요. 처음엔 중국집, 오리고깃집 등등 스티커가 안팎으로 잔뜩 붙어 있었고, 니스칠이 덕지덕지 되어 있어서 사포로 문질러도 표면이 고르게 되지 않았어요. 스티커를 겨우 떼고, 프라이머를 두 번 바르고 페인팅을 세 번 했습니다. 손잡이는 교체하지 않았어요.

CHARLES SAATCHI

## 타일도 붙였어요

타일은 붙이는 과정보다 커팅하는 게 더 어려웠어요. 화장실 바닥과 현관 바닥에 타일 덧방(기존 타일을 떼지 않고 그 위에 타일을 붙여 시공하는 것)을 해봤는데 커팅기를 동네 타일 가게에서 빌리고, 친구의 도움을 받아 겨우 작업했어요.
작두 비슷하게 생긴 타일 커팅기 사용법은 난이도가 좀 있는 편이어서 초보자가 쉽게 할 작업은 못 돼요. 시공할 장소를 정확하게 실측한 후 타일 가게에서 커팅하는 방법도 있지만, 그렇다 해도 현관 바닥 정도의 작은 공간은 어떻게 해보겠지만 평수가 좀 넓으면 아무래도 어렵고요. 게다가 화장실처럼 배수구 쪽으로 물이 흘러야 하는 곳을 시공할 때는 타일을 대각선으로 잘라 바닥에 물길을 만들어줘야 하는데 그 작업도 쉽지만은 않아요.

모자이크 타일처럼 자그마한 타일이 망에 붙어 있는 형태는 재단이 비교적 쉬워서 해볼 만합니다만, 쉽지는 않고 '도전해볼 만한' 수준이랄까요. 페인팅보다는 약간 더 난이도가 있었습니다.

그래서 저의 결론은 이러합니다! 타일을 붙이는 것 자체가 몹시 어렵지는 않아요. 접착제로 타일을 붙이고 줄눈 작업을 하면 끝. (글로 쓰면 이렇게 간단합니다.) 하지만 모자이크 타일을 제외하고는 대부분의 타일이 커팅하기 어렵다는 점, 벽보다는 바닥 타일 시공이 좀 더 쉬워서 현관 바닥 정도는 도전할 만하지만 배수구가 있는 넓은 공간은 난이도가 꽤 높다는 점을 감안해야 합니다.

재미있다
재미있다
(최면)

## 싱크대도 주문제작했어요

이태원 집으로 이사할 때, 짙은 네이비 컬러의 싱크대를 원했어요. 전체를 원목으로 하기에는 예산이 턱없이 부족해서 싱크대 상판을 제외한 나머지 부분을 MDF로 제작한 후 페인트로 칠했습니다. (MDF는 인터넷 목공소에서 주문할 수 있어요.) 상판은 물이 많이 닿는 부분이어서 MDF보다는 습기에 강한(그러나 싱크대 상판으로 추천할 만큼 강하지는 않습니다) 삼나무 집성목을 올려줬고요. 싱크대와 선반 자재를 구매하며 다른 부분들에 비해 꽤 큰 지출, 30만 원 정도를 썼습니다.

사실 MDF도 삼나무도 목수분들께 의뢰하면 싱크대 소재로 적합하지 않다는 말을 듣습니다. 하지만 밥을 해 먹는 횟수가 손에 꼽을 정도이고, 원목 상판을 조심해서 다룰 각오가 되어 있던 저 같은 사람에게는 꿈꿔왔던 주방을 합리적인 가격으로 완성할 수 있는 완벽한 소재였어요. 고정관념에 얽매이지 말고 자신의 라이프스타일에 맞게 소재를 선택해보세요. ('인터넷 목공소'라고 검색하면 여러 사이트가 나올 거예요. 한 곳을 선택해 원하는 목재와 사이즈로 재단해서 주문하면 됩니다. 요즘은 '싱크대 제작'이라는 키워드만 넣어도 수십 가지 경험담과 관련 사이트를 찾을 수 있어요.)

앞의 과정을 거쳐 완성한 주방입니다. 상부장은 기성 수납장을 달았고요, MDF로 제작한 하부장은 페인팅했어요. MDF를 칠할 때는 페인트가 뭉치는 경우가 있어요. 프라이머부터 꼼꼼히 바르고 칠하는 게 좋습니다. 물이 닿는 가구이기 때문에 코팅제인 바니시를 여러 번 칠해서 마감했습니다. (열 번 정도는 바른 것 같아요.)

자양동 집 주방은 동네 싱크대 업체에 주문한 가장 저렴한 PB(파티클 보드) 재질의 싱크대에(상판을 빼고 주문이 가능합니다. 좀 이상한 눈빛을 받을 수는 있습니다) 목공소에서 주문제작한 삼나무 상판만 올렸어요. 삼나무 상판에는 바닥 컬러와 비슷한 월넛 컬러 스테인을 칠하고 바니시로 여러 번 코팅해서 표면에 물이 스며들지 않도록 작업했답니다. 참고로 싱크대 업체에서는 크게 추천하지 않는 것이 저렴한 PB 재질의 싱크대인데, 저는 개인적으로 매우 만족하며 사용했습니다. (물론 가격 대비 만족했다는 뜻입니다.)

## 좁은 집도 공간을 나눌 수 있어요

작은 집 인테리어는 결국 공간 싸움(?)이죠. 좁은 집도 공간을 나눠서 사용하는 것을 좋아합니다. 공간 분리는 답답해 보일까 봐 작은 집에서는 잘 시도하지 않는데 생각보다 새로워 보이는 구조에 만족감을 느끼는 경우가 많아요. 잘 활용하면 공간에 다양한 성격을 부여해서 효율적으로 사용할 수 있게 도와줍니다.

대단한 공사나 파티션 없이도 가구 배치만으로도 공간을 충분히 분리할 수 있어요. 원룸에 살 때 옷장을 벽에 붙이지 않고 등을 돌려 벽을 바라보게 해서 방의 4분의 1 정도 되는 지점에 배치해봤어요. 옷장과 벽 사이에 드레스룸 같은 새로운 공간이 생겨 효율적으로 사용할 수 있었습니다. 옷장 뒷면은 새로운 벽이 되어서 침대의 헤드나 기대어 앉을 수 있는 벽이 되기도 했어요. 그때 사용하던 옷장이 이케아의 '아네보다'라는 제품이었는데요. 저렴한 가격에 단정한 디자인으로 인기가 많은 제품이었지만, 돌려놓고 보니 뒷면이 아주 얇은 파티클 보드로 마감되어 있더라고요. 그래서 뒷면 사이즈에 딱 맞게 5밀리미터 두께의 얇은 삼나무 합판을 주문했습니다. 목공용 풀을 바르고, 합판을 붙인 다음 태커로 고정해주니 깔끔했어요. 나중에는 그 위에 페인팅까지 해서 사용했습니다. 필요한 만큼 수납장을 두면 좋겠지만 좁은 원룸은 여건상 한계가 있잖아요. 그렇다고 물건을 바닥에 쌓아두자니 지저분해 보이고요. 그럴 땐 이렇게 공간을 분리해 보이지 않는 수납공간을 확보할 수도 있어요.

책상을 벽에 붙이지 않고 떼어두는 것도 좋은 방법입니다. 벽을 보고 앉는 것보다 방을 바라보고 앉는 느낌도 좋고, 누군가 찾아왔을 때 티테이블로 사용할 수도 있죠. '책상'이라는 가구에 융통성이 조금 더해진다는 점이 좋습니다.

거실이 있던 이태원 집은 격자 모양 원목 가벽을 설치해서 공간을 분리했어요. 사진(214~215쪽)에는 보이지 않지만 가벽 뒤쪽의 고양이 화장실과 거실을 분리하는, 나름 기능적인 가벽입니다. 별거 아닌 것 같지만 덕분에 테이블에서 밥을 먹을 때 고양이들이 화장실을 사용해도 어색함이 없었어요. 기댈 수도 있었고요. 이 가벽은 구조목으로 만든 후 벽과 천장에 고정한 형태인데요. 목공에 대한 지식이 없다면 직접 만들기는 쉽지 않을 듯해요. (나름 섬세한 재단이 필요했습니다.)

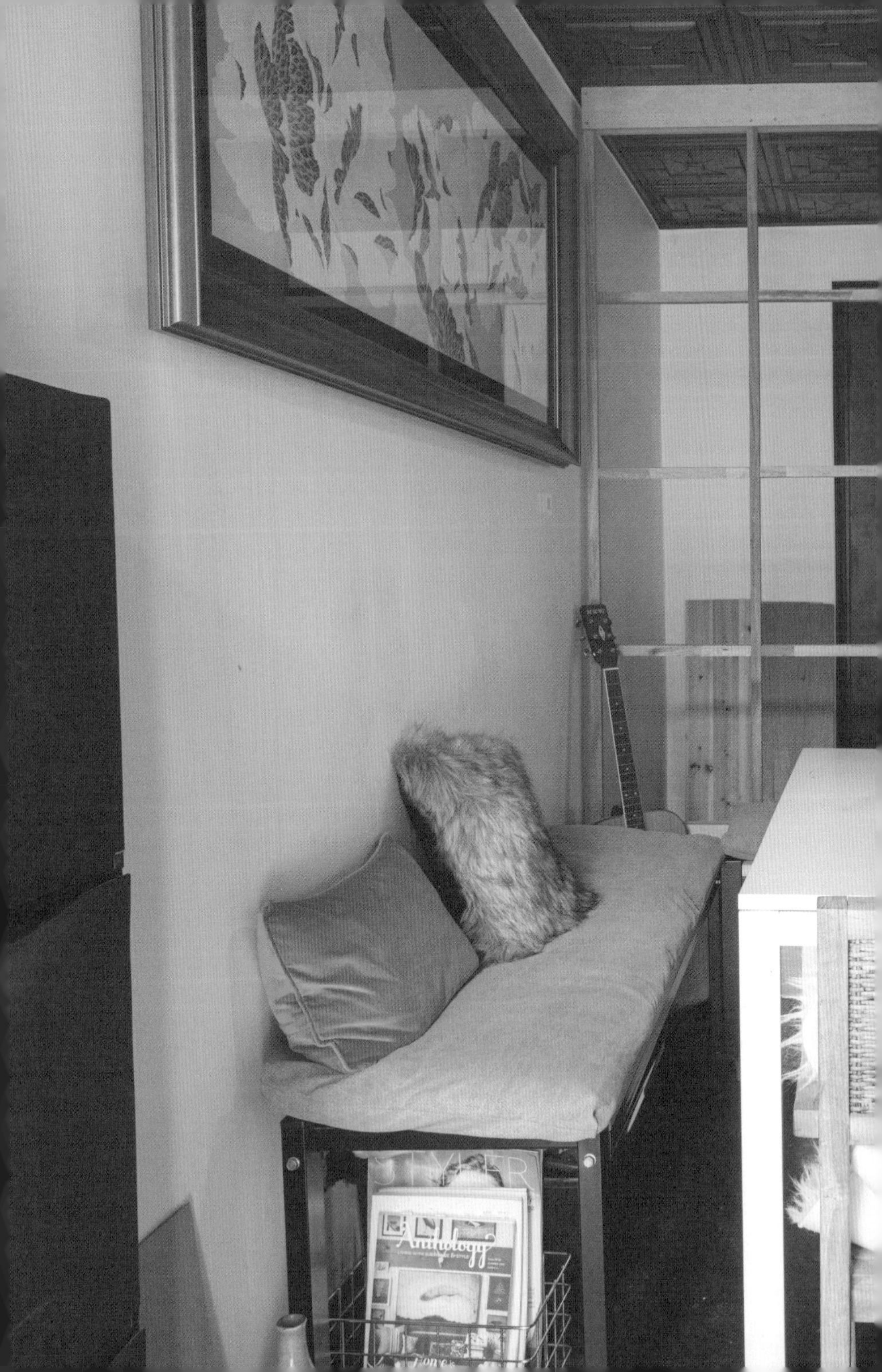
Anthology

패브릭을 교체하는 것만큼이나 간단하게 전체적인 분위기를 바꿀 수 있는 방법이 바로 조명 교체입니다. 지금 조명이 있는 자리에 다른 걸로 교체하는 작업의 난이도는 '중' 정도예요. 팔이 좀 아프지만 막상 해보면 크게 어렵지 않아서, 조명이 무겁지만 않다면 혼자서도 할 수 있어요. 다만 조명이 무거울 땐 2인 1조로 작업하기를 추천합니다.

조명 설치 방법은 검색만 해도 쉽게 찾을 수 있으니 자세한 설명은 생략할게요. 기존 조명을 분리했던 순서를 거꾸로 되짚으며 그대로 조립하는데요. 주의할 점은 반드시 두꺼비집(누전차단기) 전원을 내리고 해야 안전하다는 겁니다. 전원을 내리면 조명이 모두 꺼지니까 되도록 밝은 낮에 작업하시고요.

형광등이 있던 자리에 그보다 작은 조명을 설치하면 뗀 자리가 지저분해 보일 수도 있어요. 그럴 땐 마감을 어떻게 할 것인지 미리 생각해두어야 합니다. 저는 원룸 셀프 인테리어를 할 때 벽지와 같은 색으로 페인팅해서 마감한 적도 있습니다. 이걸로 될까 싶지만, 모든 것이 완성된 후에 보면 천장은 생각보다 눈에 띄지 않는 경우가 많아서 그 정도로도 괜찮았던 때도 있었답니다.

자양동 집에서 꼭 시도해보고 싶은 인테리어 포인트가 몇 가지 있었는데 그중 하나가 바로 금색 빈티지 샹들리에였습니다. 우연히 핀터레스트에서 발견한 거실 이미지에 마음을 뺏겼는데 거기에 그 샹들리에가 있었어요. 전체적인 분위기를 맞추기 위해 꼭 그 샹들리에가 필요하다고 생각했죠. 그래서 그날부터 이태원 빈티지 가구거리의 가게들을 하나도 빠짐없이 돌며 마음에 드는 (그리고 예산에 맞는) 샹들리에를 찾아나섰습니다.

그렇게 겨우겨우 찾아낸 샹들리에를 설치하려는데 문제가 생겼습니다. 20킬로그램이 넘는 주물 샹들리에는 합판으로 된 가정집 천장에 설치할 수 없다는 겁니다. 아차 싶었지만 이미 때는 늦었고, 을지로에서 속이 텅 비어 있는 가볍고 하얀 (게다가 주물 샹들리에의 5분의 1 가격밖에 하지 않는) 샹들리에를 사서 금색 스프레이를 뿌리기로 했습니다. (스프레이 이야기는 다음 장에서 다시 할게요.)

## 마법의 스프레이를 뿌려보세요

색을 바꾸는 작업으로 말하자면, 페인팅도 시트지도 좋지만 제가 좋아하는 재료가 또 있어요. 바로 '스프레이'입니다. 색깔과 질감을 바꿔주는 작업은 언제나 노력 대비 큰 효과가 있는데, 면적이 아주 크지 않으면서도 디테일이 많거나 울룩불룩한 물건을 도색하는 데에는 스프레이만 한 것이 없습니다. 저렴한 철물점표 래커(보통 '락카'라고 부르죠)부터 그라피티용 컬러스프레이까지 종류도 다양합니다. 매트한 블랙 컬러처럼 단순한 색을 표현하고 싶으면 철물점에서 파는 몇천 원짜리 스프레이로도 충분해요. 컬러가 다양하지 않지만 저렴하고 가격 대비 효과도 좋습니다.

조금 더 다양한 컬러로 표현하고 싶을 땐 화방이나 문구점 미술용품 코너에서 판매하는 스프레이를 써요. 가격은 좀 있어도 멋진 색깔로 표현할 수 있죠. 분사도 잘 되고요. 제가 좋아하는 제품은 '몬타나**montana**' 스프레이와 '듀플리 컬러**duply color**'라는 브랜드인데요. 다양한 컬러 표현에는 몬타나를, 금은동 색을 칠할 때는 듀플리 컬러를 사용합니다. 석고상이나 액자 테두리, 화분 등을 도색할 때에도 즐겨 써요.

221쪽 사진에서 벽에 설치한 행거는 듀플리 컬러의 동색**cooper** 스프레이를 뿌려서 리폼했어요. 스프레이는 반드시 환기가 잘 되는 곳에서 마스크를 착용하고 분사해야 합니다. 한 번에 두껍게 뿌리면 흐를 수 있으니 충분히 흔들어서 얇게 여러 번 칠하는 것이 좋아요. 한 번 칠하고 나서 완전히 마르면 또 칠하는 식으로요.

# #7 좋아하는 것들과 살아가기

좋아하는 물건들에 둘러싸여서
그 물건들을 소중하게 다루고
내가 원했던 모습으로 살게 되는 일.

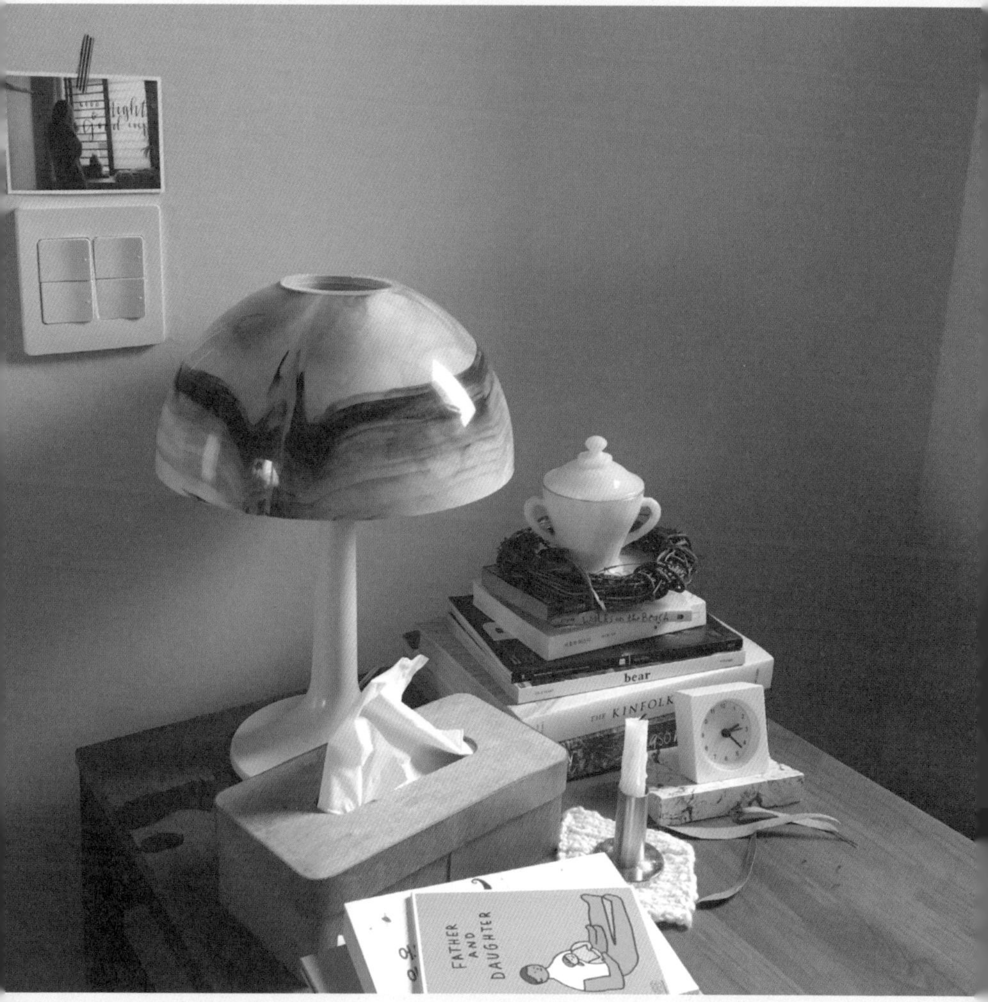
bear
THE KINFOLK
FATHER
AND
DAUGHTER

## 세상에 하나뿐인 의자

어릴 적부터 저희 집에는 어린아이나 앉을 수 있을 법한 크기의 나무 꼬마의자가 있었어요. 어디서 왔는지, 언제부터 그곳에 있었는지는 모르지만 집 어딘가에 별달리 눈에 띄지 않게 늘 존재하던 그런 물건이었죠.

그런데 어느 날 집에 잡동사니가 너무 많다면서 부모님이 버릴 물건들을 정리해 밖에 내놓으셨더라고요. 사용하지 않는 운동기구나 낡아빠진 솥 같은 오래되고 의미 없는 물건들이었는데, 그 사이에 꼬마의자가 있었어요. 가만히 보니 그 의자는 나무도 반질반질하고 페인트도 여기저기 예쁘게 묻어 있고, 꽤 귀여운 모양새를 하고 있더라고요. 그래서 도로 들고 들어가서 말했어요.

"이 의자, 내 거 할래."

그렇게 낡은 걸 어디에 쓸 거냐고 하셨지만, 이사할 때마다 꼬마의자는 자기 자리를 찾았습니다. 이태원 집에서는 침대 옆에 두고 자기 전에 읽는 책들을 쌓아두었어요. 잠들기 전에 마지막으로 바라보는 물건이었지요. 집에 오는 사람마다 어디서 났냐고 한 번씩 묻더군요. 집을 옮기며 다음 집에서는 서재 방 창가에 셀로움 화분과 함께 두었습니다.

그 의자는 저에게 발견이었어요. '버려질 뻔한 물건'이 나에게 와서 이제까지와는 다른 모습으로 존재할 수 있다는 것을 처음으로 깨닫게 해준 물건이었습니다. 그 후로 저는 부모님이 버리려는 물건은 물론이고, 누군가 길가에 버려둔 것도 눈여겨보게 됐어요. 나무로 된 것, 오래됐지만 예쁜 것(예를 들면 자개장 같은 것, 오래전에 만들어진 문짝이나 문틀 같은 것) 그리고 약간만 변신하면 멋져질 것 같은 물건들을요. 친구들은 쓰레기를 줍고 다닌다고 놀리기도 하지만, 그런 발견의 순간들로 인해 남들은 가지지 못한 나만의 것들이 탄생하기도 합니다.

이케아에서 샀던 검은색 등나무 의자는 다리가 부러지는 바람에 침대 협탁이 되었습니다. 바로 옆에는 어린 시절부터 함께해온 꼬마 나무의자를 두었고요. 원래 용도는 중요하지 않아요. 좋아하는 물건들을 내게 필요한 용도로 사용합니다.

제가 작은 창문을 주워다가 거울로 만든 것을 보고는 같은 동네에 사는 친구가 자신도 누가 버린 창문을 주워뒀다 하더라고요. 친구 집에 가보니 전신거울 사이즈의 창문이 집 앞에 네 짝이나 세워져 있었습니다. 그중 하나를 동네 유리 집에 맡겨서 거울을 끼워 전신 거울로 썼습니다. 거울 바로 위에는 촬영 스튜디오를 운영하는 친구들이 선물해준 나뭇가지를 걸었어요. 이 물건들이 자리를 잡고 나서야 우리 집 거실이 비로소 완성되었다고 생각했습니다.

## 이야기가 깃든 공간

저는 흔한 장식품보다 이야기가 있는 무언가로 집을 꾸미는 걸 좋아합니다. 엄마가 그려준 그림, 친구들이 준 편지, 여행지에서 가져온 나뭇가지가 저에게는 유명 화가의 그림이나 비싼 소품만큼이나 의미 있고 값어치가 있습니다.

저희 집뿐 아니라 클라이언트의 공간도 마찬가지예요. 저희 집에서 화보 촬영을 한 인연으로 알게 된 뮤직비디오 감독님의 작업공간을 디자인하게 되었을 때 감독님에게 영감을 주는 것들, 좋아하는 물건들을 소품으로 사용하도록 챙겨달라고 말씀드렸어요.

며칠 후 감독님이 가지고 온 물건들에는 하나도 빠짐없이 이야기가 깃들어 있었습니다. 이 시계는 어디서 어떻게 샀고, 이건 누구에게 선물 받았고, 이건 출장길에서 우연히 알게 된 누구에게 얼마에 구입했고… 이야기를 듣는 동안 무척 즐거웠어요. 감독님은 물건들이 상자에만 갇혀 있다가 제자리를 찾았다며 무척 기뻐하셨습니다.

내게 소중한 물건, 내가 좋아하고 예뻐하는 물건, 볼 때마다 기분이 좋아지는 것들을 잘 보이는 곳에 올려두면 그 앞을 지나다닐 때마다 마음속으로 한 번씩 웃게 됩니다. 좋아하는 물건들로 공간을 꾸미는 것, 그게 진정한 인테리어라고 생각해요.

아래는 뮤직비디오 감독님의 진열장이에요. 단순한 '장식품'이 아닌 내가 좋아하는, 추억이 깃든 물건들을 보기 좋게 진열해보세요.

어느 가을의 여행 기념품 컬렉션입니다. 나뭇가지, 돌, 솔방울 등 자연 소재들은 훌륭한 소품이에요. 장식해두면 볼 때마다 여행의 추억도 떠올릴 수 있고요. 모양이 예쁜 돌은 냅킨 위에 올려놓는 문진으로 사용하거나 책 몇 권을 쌓아놓고 올려두기만 해도 근사한 연출이 됩니다. (함부로 가져오면 안 되는 곳도 있으니 주의하세요.)

신발장 위에는 집에 들어오면 바로 좋은 향을 맡을 수 있도록 디퓨저를 두고 각종 소품을 디스플레이했어요. 좋아하는 잡지의 한 페이지, 내가 그린 그림, 엄마의 편지 같은 것들을 액자에 끼워 진열합니다. 대학 시절 시드니의 소품가게에서 구입한 달마도사 모형(저를 지켜준다고 믿고 있어요)과 캔들, 여행지에서 사 온 도자기 액자 등을 두었어요. 오가며 바라보면 기분 좋은 물건들만 선별해서 올려둔 거랍니다. 이 공간은 집의 처음과 끝을 담당하고 있으니까요.

## 물건을 신중하게 고른다는 것

집을 쾌적하게 유지하기 위해 노력하다 보면 깨닫게 됩니다. 꼭 필요하고 마음에 드는 물건들만 존재하는 집에서 살 때의 행복감을요. 정리에 요령이 생기고 수납에 열을 올리다 보면 어느 순간, 정말 나에게 기쁨을 주는 물건, 가구, 식물이 무엇인지 인지할 수 있게 되죠.

예전에는 물건을 사는 것이 주로 두 가지 경우였어요. 하나는 어떤 물건이 없어서 너무나 필요하고 답답할 때, 그리고 다른 하나는 어떤 물건을 보고 첫눈에 마음을 빼앗겼을 때. (흔히 '충동구매'라고도 하죠.)

지금은 그 어떤 경우에도 그 물건이 놓일 공간, 쓰이는 순간을 머릿속으로 그려봅니다. 물건 하나를 살 때도 오래도록 고심하죠. 제아무리 비싸고 유명한 제품이라 해도 혼자 예쁘면 소용이 없습니다. 내가 가지고 있는 다른 물건들과 어울리는지, 그리고 그 물건을 사용하는 내 모습은 어떨지 생각합니다.

그러다 보니 구매에 세 가지 기준이 생겼습니다. 내가 가진 것들과 어울릴 것, 실용적일 것(물론 매우 주관적인 기준이지만요), 그리고 아름다울 것.

아무리 노력해도 가끔은 이해가 안 가는 물건들이 여기저기서 발견되기는 하지만, 그래도 이런 것들을 떠올리고 신중을 기하다 보니 점차 제 물건들이 우리 집 어디에 놓여 있어도 혼자 튀거나 어색하지 않아졌습니다.

물건을 신중하게 고른다는 것은 물건을 좋아할 준비가 되어 있다는 이야기와 같습니다. 신중하게 들인 물건은 쉬이 버려지거나 대체되지 않습니다. 가족이 되고 이야기가 됩니다.

저는 요즘 화장대 거울을 기다리는 중입니다. 원하는 모양의 거울이 없어서 사지 않고 기다리고 있어요. 내가 원하는 거울을 찾을 때까지 시간을 두고 관심을 가지고 찾아보는 겁니다. 단정하고 너무 눈에 띄지 않으면서도 화장할 때 사용하기 좋은 크기와 모양의 예쁜 나무 거울이 나타날 때까지 말이죠. 그것은 마트나 잡화점에서 대충 산 거울을 화장할 때마다 들여다보며 그 거울에 아무 감흥도 없이 지내다가 이사 갈 즈음 짐스럽다고 버리지 않기 위해서예요. 대충 고른 거울을 대충 쓰다가 버리고, 또 사고를 반복하고 싶지 않기 때문입니다.

자양동 집으로 이사할 때, 방 하나를 서재로 만들기로 마음먹었습니다. 그런데 책장이 문제인 거예요. 제가 원하는 디자인과 재질은 D&DEPARTMENT에서 본 칸막이의 폭이 좁은 가리모쿠 책장인데 100만 원이 훌쩍 넘더군요. 그것도 벽을 채우려면 한참 모자라는 사이즈로 말이죠. 저렴하고 비슷한 책장을 찾자니 없고, 인터넷을 뒤져봤자 MDF에 시트지를 붙인 제품이 대부분이고, 어쩌다 매우 저렴한 원목 책장을 찾아내도 직접 보고 살 수 없다는 대답만 들었어요. 한 달쯤 짐도 못 풀고 지내는 것을 지켜본 친구가 한심해하며 책장이 다 거기서 거기인데 왜 못 고르냐고 하더라고요. 하지만 저는 "100퍼센트의 책장을 찾고 말 거야!" 하며 버텼죠.

그러다가 SNS로 알게 된 젊은 목수님의 가구를 보고 이분이면 만들어줄 수 있겠다 싶어서 의뢰를 했습니다. 대신 비싼 원목 말고 합판으로 제작하겠다고 했어요. (합판으로 만든 가구가 잘 가공하면 꽤 근사하다는 것을 알고 있었고, 원래 갖고 싶던 책장도 합판으로 만든 것처럼 생겼거든요.) 결과는 성공적이어서, 저는 벽을 꽉 채우는 키가 큰 책장을 제가 원하는 디자인과 가격으로 가질 수 있게 되었습니다. 가리모쿠의 디자인을 따라 하지 않고 베이직하게 만들었는데 지금 집에 참 잘 어울려요. 서두르지 마세요. 빨리 골라야 한다는 압박감 때문에 산 물건은 두고두고 미련이 남을 수 있고, 그것은 또 다른 섣부른 소비를 불러일으킬지도 모르니까요.

마음에 드는 벽시계가 없어서 오랫동안 저희 집에는 시계가 없었습니다. 그러다가 교토에서 우연히 본 인테리어 잡지에서 원목 시계를 보고 예쁜 벽시계에 대한 욕구가 불타올랐습니다. 몇 달간 빈티지 가구거리며 동묘에서 벽시계를 찾기에 열을 올렸는데 결국 마음에 드는 시계는 미국 이베이에서 찾아냈어요. (비록 원목시계는 아니지만) 이 도자기 시계가 우리 집에 꼭 어울리는 크기와 색깔과 적당한 모양을 하고서 제 눈앞에 나타난 겁니다. 열흘 정도의 기다림 끝에 시계를 벽에 걸었습니다. 어떤 소비는 마음에 짐을 남기지만 이렇게 마음에 꼭 드는 물건을 들이게 되면 마치 가족을 맞은 것 같은 유난한 기분에 휩싸입니다.

## 매일 쓰는 물건일수록

집 안 구석구석을 못나게 방치하지 않을 수 있도록 도와주는 물건들을 좋아합니다. 그래서 매일 만지고 사용하는 물건일수록 더 신경 써서 고르려고 하는 편이에요. 사실 저희 집에는 장식용 소품이 그다지 없습니다. 그런데도 집에 오는 분들이 예쁜 소품이 많다고들 하는데요. 신중하게 고른 생활용품 덕분이에요.

컵이나 가위, 칼, 초를 켤 때 쓰는 라이터 같은 것을 비롯해 칫솔과 치약, 수건 등 매일 쓰는 생활용품은 디자인이 깔끔하고 기능 면에서도 우수한 것들로, 자꾸 다시 손이 가는 물건으로 선택합니다. 욕실의 경우, 샴푸나 린스 등의 패키지는 되도록 비슷한 느낌으로 통일하고 그게 어려우면 흰색 컨테이너에 덜어서 사용해요. 번거롭다고 생각하지 않아요. 사용하는 동안 저 자신을 더 신경 써주는 느낌이 들어서 좋습니다.

좋은 디자인의 생활용품은 그것만으로도 장식 효과가 있어요. '보이는 수납'이 가능합니다. 손잡이가 독특한 가위와 고급스러운 느낌의 레터 오프너는 테이블 위에 그냥 툭 두기만 해도 인테리어 오브제가 됩니다. 주방에서 쓰는 양념통도, 분무기도, 쌀통도 내 마음에 들고 우리 집에 어울리는 것으로 하나씩 채워보세요. 이렇게 예쁜 물건들을 매일 쓰면 나자신을 잘 대접해주는 기분이 듭니다.

지금은 치약도 칫솔도 선택지가 많아졌지만 몇 년 전만 해도 그냥 단색의 칫솔을 찾기가 힘들어서 슈퍼에서 파는 것보다 몇천 원이나 더 비싼 무인양품 칫솔을 사서 쓰기도 했고, 또 비싼 수입 치약을 쓰면서 튜브 링거로 마지막 1밀리그램까지 짜서 쓰곤 했어요. (치약을 옮겨 담을 패키지가 여의치 않아서 어떻게 해야 하나 고민하던 시절이었습니다.)

싱크대 위도 시선이 닿는 곳엔 좋아하는 것만 둡니다. 서랍 안에 수납할 것은 수납하고, 원목 커트러리나 귀여운 감자 칼, 스테인리스 주방 가위는 잘 보이는 곳에 꽂아두죠. 가지 페이스트가 들어 있던 작은 유리병에는 꽃을 꽂아두기도 합니다. 아침이 되면 깨끗이 정리되고 관리된 물건들로 간단한 식사를 준비합니다. 그러다 보니 그 기분이 너무 좋아서, 저녁에 설거지를 하고 나서 싱크대 위를 말끔히 닦고 정리하게 됩니다. 말하자면 '기분 좋음의 연쇄작용'인 셈입니다.

거실 테이블 위에는 흙으로 만든 투박한 화분 받침에 좋아하는 코스터들을 모아둡니다. 일본 여행에서 사 온 것, 동묘에서 발견한 것, 아라비카 카페의 종이 코스터 등 종류도 출처도 다양합니다. 심플한 디자인의 펜 하나와 메모지 다발, 그때그때 달라지는 꽃이나 잎사귀, 특히 좋아하는 향기의 향초 등을 자유롭게 올려둡니다. 어느 물건 하나 튀는 것 없이 자연스레 어울립니다.

hankyun
soy candle 9oz

고요의 집 시즌3 미사

my *Place*, my *Favorite*.

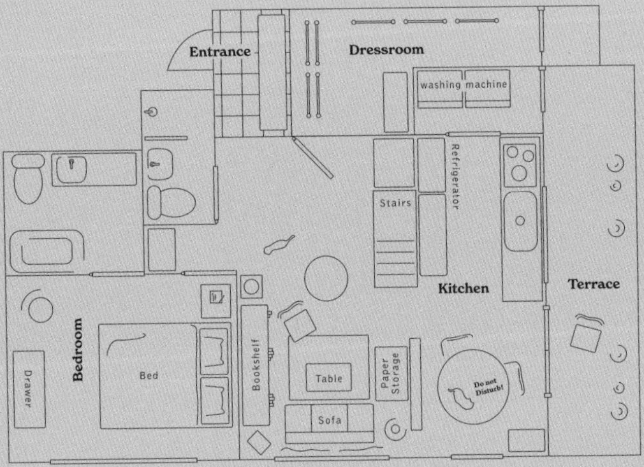

텐 크리에이티브를 함께 운영하는 지은이가 사는 동네에 있는 집이었다.
지은이 손에 이끌려 부동산을 방문했다가 첫눈에 반해서 계약하게 되었다.

거실의 한쪽 벽에 시공된 붉은 파벽돌 마감, 원목 루바로 마감한 박공형 천장과 천창, 남서향의 커다란 창문으로 쏟아지는 햇살을 보며 생각했다.
'나도 이런 집에 살아보는구나.'
주방 너머로 보이는 넓은 테라스를 보면서 또 한번. '드디어.'

방 2, 화장실 2, 거실과 주방(주방 바로 옆에는 조그맣게 세탁실이 있었다), 그리고 세탁실과 주방을 통해 나갈 수 있는 테라스.

'고요의 집'이라 이름 붙인 곳 중 최초로 식물이 잘 자라는 집이었고 엘리베이터와 인터폰을 갖춘 집이었다. 욕조가 있는 화장실이 딸린 마스터룸이 있어서 그곳을 침실로 사용했다.

봄가을처럼 좋은 계절이면 건물 1층에 있는 치킨 가게 손님들이 담배를 피우거나 큰 소리를 내기도 했지만 사는 동안 조금 과분하다고 생각했던 곳.

아무것도 고치지 않고 주방의 조명들만 교체해 오로지 스타일링으로 완성했다. 가구를 새로 들이기보다는 이전 집에서 가지고 있던 가구를 모두 그대로 사용하고, 러그나 침대 헤드, 조명과 소품만을 추가했다. 같은 가구도 어디에 두느냐에 따라 새로워지기도 한다.

큰 창으로 남서향 햇살이 들던 집.

늦은 오후가 될수록 빛이 깊게 들어왔다.

세로로 긴 창문으로 빛이 들어오던 주방.
일부러 커튼을 달지 않고 가끔은 긴 천을 걸어두었다.

주방 너머, 테라스에는 목수국과 장미를 키우고 가끔 나도 광합성을 했다.

아가 시절, 어디든 함께하던 막내 고양이 사슴.

바구니같이 생긴 곳은 모두 들어가봐야 했다.

화장실 앞 수납 공간에는 수건을 차곡차곡 접어두었다.

침대와 노란 불빛. 직접 만든 헤드보드로 침실을 채웠다.

my *Place*, my *Favorite*.

계절마다 식물을 바꿔주며
원하는 분위기의 집으로 만들어갔다.

my *Place*, my *Favorite*.

고양이들이 소파에서 잠드는 오후가 좋았던 집.

# #Epilogue. 가꾸며 산다

## 우리 집 사용법

저는 집을 나서는 시간이 오래 걸리는 편입니다. 약속보다 두어 시간 전에 준비를 시작해야 하죠. 아침에 집을 나설 때를 예를 들자면요. 우선은 침대에서 몸을 일으키면서 사방에 흩어진 베개를 제자리에 둡니다. (큰 침대에 베개가 네 개씩 세팅된 상태를 좋아해요.) 거실로 나와 음악을 틀고, 돌돌이(테이프 클리너)를 들고 침대로 돌아옵니다. 노래를 흥얼거리면서 베개와 침구의 먼지, 고양이 털을 돌돌돌 떼어내고 창문을 연 다음 이불을 휙 들어서 똑바로 펼쳐두어요. 반듯하게 이불을 세팅하고 나면 침대 정리 끝. 이 의식(?)이 끝나면 그때부터 신선한 하루가 시작된 기분이 듭니다. 잘 익어서 가지에서 똑 하고 떨어져 나온 싱싱한 과일 같은 하루가요.

우리 집에 와본 지인들은 매일 세팅을 하면서 살면 피곤하지 않냐고 묻기도 합니다. 하지만 저는 집이 어느 정도 집다운 모습을 갖추게 될 때까지 들였던 고민과 노력의 과정을 '생활감'이라는 이름으로 간단히 망가지게 하고 싶지 않았어요. 모든 것이 제자리에 놓여 있고 아름다운 상태, 그 자체가 본래의 모습인 집을 꿈꾸었기 때문입니다.

집을 예쁘게 '꾸민다'는 말에 처음부터 거부감을 느꼈던 이유가 뭘까 생각해보면요. 꾸민다는 말에서 느껴지는 '당장 보기에 예쁘게 세팅해놓았지만 시간이 지나면 그 예쁨이 사라진 상태로 돌아갈 것 같은 상태', 그리고 '그 예쁨이 사라진 모습이 본연의 모습인 것 같은 뉘앙스' 때문이 아니었나 싶습니다.

청소 직후에 우리를 기쁘게 만드는 깔끔한 상태 혹은 멋진 세팅이 쉽게 엉망이 되고 마는 이유를 곰곰이 생각해보았습니다. 가장 쉽게 떠올릴 수 있는 이유는 '편안하지 않다'라는 느낌 때문이겠죠. 편안하지 않을 때는 편안한 모습으로 돌아가고 싶어지잖아요. 마치 얼굴에 화장을 하고 예쁘게 꾸미고 바깥 생활을 하다가 저녁이 되어 집에 오면 그 화장이 꼭 가면 같아서 얼른 씻어버리는 것처럼요.

그렇다면 우리들이 사는 집의 본연의 모습, '편안한 상태'라는 것은 누가, 어떻게 결정하는 걸까요.

본연의 외모, 저의 경우 트러블이 잘 생기는 피부, 가느다란 머리카락, 흐린 눈매 같은 것은 제가 결정할 수 있는 것이 아니죠. 화장을 지운 민낯은 좀 실망스럽더라도 그냥 받아들입니다. 하지만 공간이라는 것은 타고난 얼굴과는 달라서 내가 어떻게 기본을 설정하느냐에 따라 달라질 수 있어요.

저는 아침마다 침구를 정리하고 거실 커튼을 열면서 그 커튼이 창문 오른쪽의 (아마도 아주 오래전 세입자가 단단히 고정해둔 듯한) 낡은 커튼 걸이를 잘 가릴 수 있도록 모양새를 잡습니다. 바닥의 먼지를 청소기로 빨아들인 다음에는 거실에서 현관으로 이어지는 방향, 전부터 유난히 얼룩이 잘 생기는 부분을 체크하고 물티슈로 닦아줍니다. 화장실을 정리하고 나서는 늘 고양이 털과 먼지가 수북이 쌓이고 마는 배수구를 한 번 더 닦고 튀케(저희 집 큰 고양이)가 발에 모래를 묻히고 자주 만지는 세면대의 수도꼭지가 또 얼룩덜룩하지 않은지 살펴봅니다. 화장실 거울 앞의 선반에 오래전에 향초를 잘못 올려놨다가 생긴 얼룩 같은 흔적 위에는 작은 소품을 올려두고 물건들이 모두 제 위치에 있는지 확인합니다. 주방의 싱크대는 먼지가 잘 앉기 때문에 수분이 잘 흡수되는 행주에 물을 묻혀 꼬옥 짠 다음 자주 닦아줍니다. 현관에 들어와 가장 먼저 보이는 신발장에도 먼지가 잘 앉기 때문에 타조 털 먼지떨이로 자주 털고 청소기를 사용해 먼지를 제거합니다.

거실 테이블 위에는 보기 싫은 물건을 올리지 않고 화병 하나, 책 몇 권 그리고 좋아하는 소품 몇 개만 둡니다. 책상 위는 되도록 비워두고 이따금 닦아줍니다. 집의 분위기에 어울리는 음악을 선곡하고, 그러기 위해 좋은 음악을 들으면 메모해두었다가 집에서 다시 들어보기도 합니다. 이 과정은 집을 직접 돌보는 저만이 알고 있는 것들이죠. 저 모든 것이 매일 살피는, 쓰고 보니 굉장히 많게 느껴지지만 막상 생활하면서는 '엇, 내가 언제 이렇게 했지' 생각할 만큼 습관이 된 것들입니다.

이 모습이 제가 설정한 저희 집의 기본 상태입니다. 테이블 위에 너저분한 옷가지나 잡동사니가 올라가 있는 일이 없고, 보지도 않는 TV 소리로 거실이나 침실이 채워지는 일도 없어요. 이런 상태를 유지하려고 노력하는 건, 당연한 이야기이지만 다 저를 위해서입니다. 아침에 습관적으로 물건들을 살피면서 저녁에 다시 돌아올 나 자신을 생각해요. 이 집에 들어와서 기분이 좋겠구나, 하고요. 나를 돌봐주는 거죠. 피곤하고 지친 몸과 마음으로 돌아올 나를 위로하는 것이고요.

## 매일 새집처럼

많은 사람이 청소가 지겨운 일이라고 느끼는 이유 중 하나는 '큰 정리'에 대한 두려움 때문일 겁니다. 청소라는 단어를 들으면 우리는 '대청소'를 떠올립니다. 옷가지는 죄다 꺼내어 바닥에 늘어놓고, 엉망이 된 서랍장을 뒤집어 털어놓고 버리고 솎아내고 정리하고, 뿌옇게 쌓인 먼지를 닦고 커튼을 빨고, 엉망진창인 집 전체를 말끔하게 정리해야 한다는 부담감에 휩싸입니다.

그렇지만 우리에게 필요한 것은 대청소가 아니라, 그것을 유지하는 '생활'입니다. 작은 습관, 즉 작은 정리를 익히는 생활요. 작은 정리를 하는 법을 익히면 고된 대청소는 우리 삶에서 사라집니다. 매일의 수고로움과 청소라는 큰 짐을 바꿀 수 있을까 싶지만 막상 시작해보면 별로 어렵지 않은 일임을 깨닫게 됩니다.

아침에 일어나면 동선을 따라 작은 정리를 시작합니다. 눈을 뜨면 베개를 제자리에 두고 이불을 똑바로 펴두는 일을 하는 거죠. 흐트러진 것들을 가볍게 바로잡으며 지난밤에 잘 정리해둔 깔끔한 주방으로 갑니다. 물을 한 잔 따라 마시며 주변을 둘러봅니다. 혹시 지저분하거나 거슬리는 것들이 있다면 살짝 매만져줍니다. 방금 마신

물컵을 정리하고 욕실로 향합니다. 욕실을 사용하면서도 수도꼭지와 주변을 살피는 습관을 들입니다. 그러면 이를 닦으며 거울을 보다가 나도 모르게 손을 움직여 얼룩이나 먼지를 닦죠.

**이런 작은 습관들을 시도해보세요**

아침에 일어나면 잠자리 정리하기.

컴퓨터를 하면서 책상 주변에 어질러져 있는 것

한두 가지를 쓰레기통에 버리거나 먼지떨이로 살짝 털기.

설거지는 그때그때 하기.

화장실 사용 후 소독제를 뿌리고 변기 시트나 뚜껑 닦기.

샤워하면서 샤워기와 비누 거치대 깨끗이 닦기.

장을 봐오면 물건을 벌크 상태로 두지 않고 큰 포장을 뜯어 정리한 다음

하나씩 꺼내 쓰기. (화장지, 키친타월, 테이프 클리너 등)

자기 전에 책상과 식탁 정리해두고 자기.



이런 일들을 의식적으로 반복하다 보면 어느 순간 손에 익는 날이 올 거예요. 칫솔을 물이 뚝뚝 떨어지는 상태로 두지 않고 세면대 주변에 준비해둔 핸드타월 같은 것에 살짝 닦고 꽂아두는 습관이 일상이 된다면 물때에 찌든 칫솔꽂이는 대체 무엇으로 닦아야 깨끗해지는지 고민하는 순간이 인생에서 사라지게 됩니다.

하루 날을 잡아 청소하려고 하면 모든 것이 힘들게 느껴집니다. 학교 다닐 때 시험공부 하던 걸 떠올려보세요. 매일 조금씩 공부를 하다가 시험 기간에 다시 한번 자세히 짚어보는 것과 평소엔 전혀 들여다보지 않다가 시험이 임박해서야 갑자기 모든 과목을 머릿속에

넣으려고 하는 것은 분명히 차이가 있죠.

작은 정리의 순간들은 조금 수고롭지만, 또 꽤 기특한 행위여서 '나도 모르게 주변을 깨끗하게 만들었다'는 데서 오는 뿌듯함이 자주, 은근히 자신을 즐겁게 합니다. 시험공부를 하는 마음보다 훨씬 가볍고 쉬우면서도 빠르게 자신에게 긍정적인 피드백을 주는 일인 거죠. 다시 말해 나에게 작은 기쁨을 선사하는 겁니다. 특별한 날이 아니어도 일상생활 안에서 말이죠.

## Q&A. 자주 묻는 질문

**Q. 공간디렉터는 어떤 일을 하나요**

**KOYO.** 공간을 디자인하는 일을 합니다. 단순히 벽, 바닥, 가구에서 끝나지 않고 공간의 용도와 그 공간을 사용하는 사람에게 어울릴 것 같은 소품, 식물, 음악 등 구석구석의 요소들을 고민해 전체적인 분위기를 결정하는 것들에 관여하기도 합니다. 작은 것들로 전체가 달라지는 경우를 많이 경험했기 때문에 그 부분들을 중요하게 생각하는 편이에요.

거창해 보이는 명칭 때문에 가끔 대단한 일을 하는 사람으로 오해도 받습니다. 인테리어 디자이너로 불려도 무방하다고 생각합니다. 경계를 두지 않고 일하고 싶어서 '공간디렉터'라는 말을 사용했어요. 지금은 공간스튜디오를 운영하며 주로 상업공간 인테리어를 하고 있어요.

**Q. 집을 고르는 노하우 궁금해요**

**KOYO.** 먼저 전체적인 느낌을 봅니다. 처음 만나는 사람을 볼 때처럼요. 사람도 그렇잖아요. 따뜻한 인상인지, 차가운지, 날카로워 보이는 사람도 있고, 편한 사람도 있고요. 집에서 느껴지는 첫인상도 마찬가지예요. 특유의 분위기나 공기, 냄새도 중요합니다. 눅눅한지, 곰팡이 냄새가 나는지 잘 느껴보세요. 그리고 하나씩 살핍니다. 이때 셀프로 절대 고칠 수 없는 것들이 뭔지 알고 있으면 좋아요. 고칠 수 없는 부분은 특히 꼼꼼하게 체크해야 합니다.

일단 벽과 바닥을 보세요. 옛날 집들 중에 벽면이 울퉁불퉁한 경우가 있어요. 그러면 미장을 다시 하거나 해야 하는데 이런 건 셀프로 하기 힘들거든요. 바닥이 평평하지 않은 집도 있어요. 원래 바닥은 수평 잡는 작업을 해줘야 하는데, 공사비를 아끼려고 미장으로 대신하기도 해요. 미장은 사람이 손으로 바르는 것이어서 수평이 똑

바로 맞지 않는 경우가 많아요. 작은 집이나 오래된 집을 볼 땐 장판이 울룩불룩 튀어나왔는지 잘 살펴보세요.

이제는 집 안 곳곳을 살펴봅니다. 수압을 확인하고, 문짝이 틀어지지 않았는지, 창문이 이쪽저쪽 잘 열리는지도요. 무언가 문제를 발견하면 "어? 이거 안 되네요?"라고 꼭 말하세요. 그러면 분명 집주인도 곧 수리할 거라고 말할 거예요. 아무 말도 안 하면 집주인도 그냥 넘어가거든요. 계약할 때 특약에 수리 내용을 넣어달라고 해야 하고요. 오래된 집이라면 화장실의 배관도 신경 써서 보세요. 세면대가 없는 집이라면 추후에 설치할 수 있는 구조인지도 미리 체크해보는 것이 좋아요. 나중에 세면대나 욕조를 설치하는 경우도 생기더라고요.

예전에 가계약까지 했다가 취소했던 집이 있어요. 그 집도 옛날 집이었는데요. 낮에 가서 집을 봤는데, 집값도 싸고 공간도 마음에 들더라고요. 집이 조금 외진 골목 안쪽에 있긴 했지만요. 그래도 해가 잘 드니까 하얗게 칠해서 유럽처럼 꾸미면 산토리니 같은 느낌이 날 수도 있겠다고 생각했죠. 마침 낮은 언덕 위에 있어서 뷰도 좋았거든요. 마음먹고 계약금을 걸었습니다. 그러고는 밤에 다시 가봤어요. 그런데 집까지 가는 골목도 무섭고, 집에 도착해 불을 켜니까 바퀴벌레가 사사삭 흩어지는 거예요. 그래서 바로 취소해버렸답니다. 집은 밤낮으로 많이 가봐야 해요. 직장생활을 하면 퇴근 후에 집을 보러 다니게 되는데, 꼭 시간을 내서 낮에도 가보세요. 일조량도 체크해야 하거든요.

이런 부분들을 체크했다면, 다음은 가능성 있는 집인지 생각해보는 거예요. 오래된 집도 부분적으로 예쁜 요소들이 있어요. 예를 들어 제가 살던 이태원 집 주방은 너무 오래되서 기름때가 겹겹이 쌓여 있고, 당장 벌레가 기어 다닐 것처럼 지저분해서 사용할 수 없을 정도였는데요. 주방에 달린 등은 정말 예쁘더라고요. 문짝도 무늬가 있는 원목이라는 점이 좋았어요. 요즘 문짝 대부분은 MDF로 만들어 필름지를 바른 것들이거든요. 디테일이 있는 몰딩도, 오래전 스타일의 스위치 커버도 교체하지 않고 원래 있던 대로 썼어요. 그런 작은 부분들이 예뻤거든요.

셋집인데도 어떻게 고칠 수 있냐고 묻는 분들이 많은데요. 집주인은 두 가지 유형이 있는 거 같아요. 집 고치는 건 절대 안 된다면서 아무것도 못 하게 하는 분들, 아니면 긍정적으로 반응해주시는 분들. 그런데 보통 낡은 집의 집주인 분들은 긍정적으로 봐주세요. 낡은 집인데 아무것도 하지 말라고 하는 경우는 아직까지 보지 못했어요. 어차피 돈을 들여 고쳐야 하는데 누가 해주면 좋으니까요.

집을 구하다 보면 종종 부동산업자분들이 빨리 계약하라고 부추기는데, 어차피 집이라는 것도 인연이 닿아야만 내 것이 나타난다는 게 저의 지론이에요. 부동산업자들의 이야기에 휘둘리지 말고(물론 정말로 좋은 집, 좋은 조건을 추천하는 분들도 계십니다) 내가 생각하는 조건에 맞는 집인지를 꼼꼼하게 따져보고 결정하세요.

매일매일 걸어도 좋았던 이태원 집 앞 길이에요. 오래전에 이 동네에 와본 적이 있었는데요. 그때 이 오솔길이 정말 좋았던 기억이 있어요. 집을 찾다가 용산 지역 부동산 블로그에서 이 길 근처에 있는 집이 올라와 있기에 혹시나 하는 마음에 그날 바로 집을 보러 갔는데 '아, 이 집이다' 싶더라고요.

어느 지역으로 이사할지 찾아볼 때 여러 가지를 고려해야겠지만, 예전에 가봤는데 느낌이 좋았던 동네도 떠올려보고 찾아가보세요. 예상치 못했던 발견을 할 수도 있어요.

**Q. 제가 해보고 싶은 인테리어 컨셉과 집이 너무 달라요**

**KOYO.** 저는 일단 안 되는 것은 그냥 두고, 되는 것부터 바꿔봅니다. 이태원 집으로 이사할 당시 집의 전체적인 컨셉을 '카페 같은 집', '시크' 그리고 '무심한 자연스러움'으로 생각하고 있었어요. (어쩐지 겉멋이 잔뜩 든 컨셉이네요. 하하) 그런데 무늬가 새겨진 나무 천장 때문에 70, 80년대 가정집 느낌이 날 것 같더라고요. 별별 방법을 생각해봤지만 도저히 예산/노력/시간 대비 만족할 만한 결과를 얻을 수 없을 듯해서 일단 바닥 먼저 바꿔보자 하고 페인팅을 했습니다. 먼저 포토샵으로 시뮬레이션해보고 괜찮겠다 싶었지만, 그래도 조금 긴가민가하긴 했었죠. 그런데 검은색으로 페인팅하고 나니 다른 공간과 생각보다 더 잘 어울리더라고요. 집이 싹 정리가 되는 느낌이 들면서 천장을 그냥 둬도 되겠다는 결론이 났습니다. (그 후 이태원 집 천장과 비슷한 카페들도 몇 군데 생겼어요.)

컨셉을 고수하는 것도 좋지만 내가 원하는 것이 '특정 컨셉 집'인지, '내가 살기에 행복한 집'인지에 대한 고민이 먼저라고 생각해요. 그런 의미에서 한 가지 생각에 너무 집착하지 말고 원래의 모습을 그대로 두고 다른 것들을 바꿔가며 변화를 지켜보는 일도 중요합니다. 되는 것들을 하나씩 바꿔나가다 보면 다른 것들은 큰 변화 없이도 또 괜찮아 보이기도 하더라고요.

**Q. 고양이와 살며 어떻게 집을 관리하나요**

**KOYO.** 무엇보다 청소를 자주 합니다. 털 때문에 힘들어서 큰맘 먹고 다이슨 청소기를 구매해서 매일같이 하고 있어요. (물걸레 청소를 해주는 로봇 청소기도 눈독들이고 있습니다.) 테이프 클리너로 이불, 소파, 커튼 등에 붙은 털을 수시로 제거합니다.

패브릭을 고를 때도 소재에 신경 씁니다. 털이 엄청나게 꽂히는 소재는 예뻐도 피해요. 쿠션도 일부러 안 두었습니다. 털이 풍성한 카펫은 못 깔지만 물세탁이 가능한 러그는 깔았어요. (고양이들이 망가뜨릴까 봐 고가의 러그는 피합니다.) 러그를 깔았을 때 발끝에 닿는 포근한 감촉이 행복한 기분을 몇 배나 상승시켜주는데, 그걸 포기하고 살 수는 없잖아요. 어딘가에 뭐가 깔려 있으면 고양이들도 엄청 행복해하고요. 고양이들이 소품을 깰 수도 있는데요. 소품 하나만 두지 않고, 그 공간을 꽉 채워서 물건을 올려두어요. 고양이들은 자신이 올라갈 수 있는 공간이 있는지 가늠해본 다음 점프하기 때문에 발 디딜 틈이 없다고 판단하면 아예 올라가지 않는다고 하더라고요. 그래도 가끔 도저히 공간이 나오지 않는 곳에 올라가는 일이 더러 있기는 하지만, 웬만하면 빽빽하게 진열한 물건들은 안전한 편이에요.

이태원 집의 거실이에요. 창문 앞에 합판으로 ㄷ자 모양의 구조물을 짜주었습니다. 정면에서 보이는 면에는 천을 떼어다가 사이즈에 맞게 압정으로 고정했고요. 그 안쪽에 쓰레기통과 고양이들의 세 번째 화장실을 수납했어요.
합판에 삼줄을 감아서 만든 대형 스크래처를 기대어뒀는데, 저곳으로 고양이들이 뛰어 올라가서 창가에 앉아 있을 수 있도록 만든 거예요. 창가에서 햇빛 보는 걸 좋아하는 고양이들을 배려한 공간입니다.

**Q. 어디에서 인테리어 영감을 얻나요**

**KOYO.** 이렇게 대답하면 좀 그렇지만, 정말 좋아하는 모든 것에서 영감을 받습니다. 모든 장소, 물건, 사람들과 음악, 책, 영화 등등요. 무엇이든 대충 보고 듣지 않으려고 노력합니다. 영화의 경우 〈마담 프루스트의 비밀정원〉이나 〈카페 소사이어티〉, 〈오베라는 남자〉, 〈카모메 식당〉, 〈패터슨〉처럼 배경이 아름다운 영화를 좋아합니다.

어떤 장소에 가면 그곳을 구석구석 관찰하는 편이에요. 그러고 보니 타인의 장소를 구경하고 상상하며 영감을 받기도 하네요.

제가 호주에 머물 때, 남의 집 구경이 취미였어요. 외국 집들은 모두 다르잖아요. 동네를 돌아다니며 집을 구경하고 외관을 보며 집의 구조를 상상하는 일을 좋아했어요. 몇 년에 한 번씩 이사를 했는데 한 동네를 떠날 때쯤에는 동네 집들의 외관을 다 외울 정도였죠. 늘 새로운 집이 올라오는 부동산 사이트도 자주 구경했어요. 'Inspection day'라고 불리는 오픈하우스 날에는 마음에 드는 집을 직접 보러 가기도 했습니다. (주로 하루에 여러 사람에게 집을 보여주고 세입자를 구합니다) 요즘은 유튜브에도 인테리어 정보가 넘쳐나서 해외의 집들을 더욱 쉽게 접할 수 있어 좋습니다.

그 밖에도 눈에 띄는 잡지나 디자인 서적도 자주 구매하는 편이에요. 영감을 주는 이미지가 모여 있는 사이트를 볼 때에는 부분적인 것을 단편적으로 소비하지 않으려 노력해요. 다시 말해 어떤 공간의 이미지가 마음에 든다 치면, 그 이미지가 속해 있는 전체를 찾아보고 배경에 대해 이해하고자 합니다. 어떤 건물에 속한 장소인지, 주인은 누구인지, 어느 나라의 어느 지역에 있는 곳인지 등등을 찾아봐요. 큰 그림을 알게 되었을 때 이미지를 제대로 받아들일 수 있으니까요.

# Photo Finder

책에 담긴 사진 속 공간이 어디인지 정리했습니다.

P.6 제주 '월령지헌'

P.12 자양동 집 거실 before

P.13 자양동 집 거실

P.14 자양동 집 거실 before

P.15 자양동 집 거실

P.16 자양동 집. 예전부터 갖고 싶었던 둥근 원목 테이블을 두었다.

P.19 고요의 집 시즌4 거실

## Part 1.
## 내가 좋아하는 곳에 살고 있나요

### #1 집을 가꾼다, 나를 돌본다

P.41 미사 집 거실 책장

P.50 부모님 댁 '고요한 숲속의 집'

P.57 이태원 집 침실

P.60 자양동 집 욕실 입구. 좋아하는 물건을 모아두었다.

### #2 취향, 어디서 찾나요

P.65 고요의 집 시즌4 거실

P.67 고요의 집 시즌4 거실

P.73 일본 교토 여행 중 들른 소품숍

P.81 자양동 집

P.83 고요의 집 시즌4 침실

### #3 무엇부터 시작해야 할까요

P.85 제주 '월령지헌'

P.87 '고요한 숲속의 집' 주방

P.90 고요의 집 시즌4 침실

P.94 '고요한 숲속의 집' 부부 침실

P.100 이태원 집 책상 옆 공간. 좋아하는 책들과 그림을 곁에 두었다.

**Part 2.**

## 고요의 집으로 초대합니다

### #4 인테리어 계획하기



### #5 상상을 현실로



### #6 우리가 바꿀 수 있는 것들

P.204~205 이태원 집 게스트룸

P.207 이태원 집 욕실

P.210 이태원 집 주방

P.211 자양동 집 주방

P.214~215 이태원 집 거실의 가벽

P.218 자양동 집 거실

P.221 에어비앤비 '고요의 집 언더커버'

**#7 좋아하는 것들과 살아가기**

P.223 고요의 집 시즌4 주방

P.225 친구 지은의 집

P.227 꼬마의자의 근황

P.228 이태원 집 침대 옆

P.229 이태원 집 거실

P.233 자양동 집 신발장 위

P.236 자양동 집 서재

P.237 자양동 집 서재

P.238 자양동 집 거실

P.240 이태원 집 욕조 위

P.241 자양동 집 싱크대 위

P.243 자양동 집 거실 테이블

P.261 카페 '어나더 선데이' (영업 종료)

P.269 타마냐와 튀케

P.276 카페 '파티세리 도효' (영업 종료)

P.280 '고요한 숲속의 집' 거실

P.281 고요의 집 시즌4. 잘 익은 수박을 먹었다.

P.283 고요의 집 시즌4 거실

P.284 제주 카페 겸 와인 바 '뮈르'

P.285 고요의 집 시즌4 서재

P.287 고요의 집 시즌4 서재



본문에 쓰인 사진은 최고요 님과 사진작가 유경원 님이 촬영했습니다.

HOUSES

## 책을 마치며

책을 쓰는 일도 집을 가꾸는 일처럼
한 번에 완벽하지 못할 거라는 걸 알고는 있었습니다.
이렇게 평범한 말들로 이루어진 책을 읽고
누군가 용기를 내어 집 가꾸는 일을
시작했으면 좋겠다고 내내 생각했습니다.

목표는 언제나 '가장 멋진 공간'이 아니라
'조금 더 나은 공간'이면 좋겠습니다.
그리하여 이 책을 덮고서도 언제라도,
문득 집 안 구석구석에 눈길을 주다가
작게 웃음 짓는 자신을 발견하게 되기를 바랍니다.
제가 그런 것처럼요.
그리고 그때도 저의 이 물음을 떠올려주세요.

"좋아하는 곳에 살고 있나요?"

최고요 드림

Kitchen
Raul Lara
My music is my life.
MY DEAR VINTAGE
I ♥ PAPER

**Editor's letter**

고요 님과 종종 이야기합니다. 우리 같이 나이들어가요, 라고요. 2017년 출간되었던 책이 절판되지 않고 이렇게 새롭게 태어날 수 있었던 건 주민님들이 아껴주신 덕이에요. 이제 책과 함께 나이들어갈 수 있게 되었어요. 주민님들, 어디에 있든 우리 함께 나이들어가요. 고마웠습니다. **희**

이 책은 제가 옛날부터 정말 아끼며 보던 책이었어요. 자기만의 방 에디터로서 개정증보판 작업을 맡을 수 있어 어쩐지 성덕이 된 기분입니다. 이 좋은 책을 다시 한번 온전히 담아내되, 더 오래 지닐 수 있도록 양장본으로 만들었습니다. 어떤 공간에 툭 놓아둬도 아주 예쁠 거예요. 새 사진과 이야기도 알차게 들어 있어요. 나의 공간을 내가 가장 좋아하는 공간으로 가꾸어가는 즐거움을, 다정하고 사려 깊은 작가님의 이야기를 통해 느껴보시기를요. **현**

'고요의 집 시즌3'를 사진으로 처음 봤을 때 바로 '와, 역시 고요 님 집이다!' 했어요. 첫눈에 그 집에 반해서 계약했다는 작가님의 말씀처럼, 저도 고요 작가님이 가꾼 집을 보고 첫눈에 반하고야 말았습니다. 개정판에서 고요의 집 시즌3를 볼 수 있어 기쁜데요, 다시 한번 마음이 요동칩니다(?) 아, 당분간은 정리정돈도 열심히 하고, 길가에 버려진 물건도 눈여겨보게 될 것 같아요. **령**

**좋아하는 곳에**
**살고 있나요?**

**개정증보판 1쇄 발행일** 2022년 6월 14일
**3쇄 발행일** 2024년 11월 18일

**지은이** 최고요
**발행인** 김학원
**발행처** (주)휴머니스트출판그룹
**출판등록** 제313-2007-000007호(2007년 1월 5일)
**주소** (03991) 서울시 마포구 동교로23길 76(연남동)
**전화** 02-335-4422 **팩스** 02-334-3427
**저자 · 독자 서비스** humanist@humanistbooks.com
**홈페이지** www.humanistbooks.com
**시리즈 홈페이지** blog.naver.com/jabang2017
**디자인** 스튜디오 고민 **용지** 화인페이퍼 **인쇄** 삼조인쇄 **제본** 경일제책사

**자기만의 방**은 (주)휴머니스트출판그룹의 지식실용 브랜드입니다.


**ISBN** 979-11-6080-834-6 13590